宁夏银北引黄灌区不同水源利用下的农田灌排模式模拟研究

李金刚　陈　菁　何平如　王少丽　等著

黄 河 水 利 出 版 社

·郑 州·

内 容 提 要

随着黄河来水量的减少和宁夏沿黄生态经济带的发展,宁夏银北引黄灌区的黄河水资源供需矛盾日益突出,制约了当地农业生产的持续健康发展。本书针对宁夏银北引黄灌区可利用黄河水资源量有限、非常规水资源利用率低、灌溉水有效利用系数低、灌溉不及时等问题,以石嘴山市平罗县五一支沟的控制排水区域为典型研究区,在资料收集、现场调研、野外监测和室内试验的基础上,结合统计分析、模型模拟等手段,着重分析了研究区土壤水盐与地下水盐动态、评估了农田排水灌溉适宜性、剖析了灌溉节水潜力、构建了HYDRUS-MODFLOW-MT3DMS 耦合模型,结合研究区的土壤水盐和地下水盐阈值,提出了宁夏不同水源利用下的农田灌排适宜模式。

本书是基于宁夏银北引黄灌区相关灌溉水源联合利用和灌排模式的经验总结与理论提升,可供从事干旱半干旱地区农业水利工程、水文水资源等工作的人员参考。

图书在版编目(CIP)数据

宁夏银北引黄灌区不同水源利用下的农田灌排模式模拟研究/李金刚等著. —郑州:黄河水利出版社,2023.4

ISBN 978-7-5509-3534-1

Ⅰ.①宁… Ⅱ.①李… Ⅲ.①农田灌溉-研究-宁夏②农田水利-排水-研究-宁夏 Ⅳ.①S274②S276

中国国家版本馆 CIP 数据核字(2023)第 055952 号

出　版　社:黄河水利出版社　　　　　　　　网址:www.yrcp.com

　　　　地址:河南省郑州市顺河路黄委会综合楼 14 层　　邮政编码:450003

发行单位:黄河水利出版社

　　　　发行部电话:0371-66026940、66020550、66028024、66022620(传真)

　　　　E-mail:hhslcbs@ 126.com

承印单位:河南新华印刷集团有限公司

开本:710 mm×1 000 mm　1/16

印张:11.25

字数:196 千字

版次:2023 年 4 月第 1 版　　　　　　　　印次:2023 年 4 月第 1 次印刷

定价:68.00 元

前　言

　　宁夏银北引黄灌区位于黄河上中游,属严重的资源型缺水地区,经济社会发展用水主要依靠黄河水。近年来,随着黄河流域生态保护和高质量发展先行区在宁夏的建设,宁夏银北引黄灌区有限的水资源可利用量与经济社会发展需求的矛盾日益突出,水资源短缺已成为制约区域经济发展的主要瓶颈。由于灌区的农业灌溉用水量占行业总用水量的90%以上,因此发展节水农业、加强各种灌溉水资源的联合利用对节约黄河水资源、缓解灌区水资源紧缺现状具有重要意义。

　　灌区通过渠道引黄河水量发生变化,农田土壤水分、土壤盐分、地下水埋深和地下水矿化度等通常会随之发生变化。在我国干旱、半干旱地区发展农业节水灌溉需要综合考虑节水效益和农田盐分的变化,以维持灌区农业生产的可持续健康发展。本书以宁夏银北引黄灌区五一支沟的控制排水区域为典型研究区域,在区域资料收集、现场调研、野外监测、室内试验的基础上,结合统计分析、模型模拟等手段,分析了研究区土壤盐分与土壤水分、地下水埋深和地下水矿化度的相关关系,研究了土壤水盐和地下水盐动态对不同灌溉水源利用及灌排模式的动态响应规律,结合灌区农田土壤水盐和地下水盐阈值,提出了宁夏银北引黄灌区不同水源利用下的适宜灌排模式。

　　取得了以下成果:①土壤水盐与地下水盐动态分析结果表明,研究区土壤水盐和地下水盐随农田灌溉而波动变化,表层20 cm土壤含盐量与对应土壤含水率及地下水埋深相关性显著,分别呈"乘幂"和"指数"函数关系,R^2均大于0.85。②不同灌溉水源适宜性评价发现综合考虑灌溉水源可供应量、灌溉水供应及时程度、提水能耗费、水温等指标,针对研究区构建不同灌溉水源适宜性评价指标体系,结合2019年4月至2021年3月的调研和实测资料,利用修正的模糊综合评价法对套作区(小麦套种玉米区域)和稻作区(水稻种植区域)各时段的地下水和农田排水进行灌溉适宜性分析,结果表明,套作区和稻作区5~8月的地下水和农田排水均适宜灌溉。③构建了HYDRUS-MODF-LOW-MT3DMS耦合模型,结合研究区水文地质条件,分别概化研究区非饱和带和饱和带为一维非均质非稳定土壤水流系统和二维均质各向同性非稳定地下水流系统。根据作物种植结构、灌排系统、水文地质参数等资料,将研究区划分为22个典型区30 580个有效正方形网格,每个典型区对应的土壤单元体在垂直方向上剖分为96个不同厚度的有限元。结合 ArcGIS 软件对耦合模型的网格单元赋初值,以2019年4月至2021年3月的监测试验资料对耦合模型进行率定和验证。率定期和验证期土壤水盐和地下水盐的 NSE 均高于0.851,R^2 均高于0.86,RMSE 均低于0.098,MRE 介于−0.037~0.034,RC介于1.0~1.03。总体来看,率定和验证后的耦合模型可以较好地模拟研究区土壤水盐和地下水盐动态。④基于率定和验证后的 HYDRUS−MODFLOW−MT3DMS 模型,以2020年为基准年,模拟预测现状灌排条件下未来30年的土壤水盐和地下水盐动态,结果表明,研究区未来30年土壤水盐和地下水盐均处于平衡状态,但在特枯水年对应的气候条件下,小麦和玉米生长会受到表层土壤盐分胁迫的影响,可能减产。⑤采用耦合模型模拟不同黄河水利用及灌排模式下的套作区和稻作区水盐动态,结合土壤水盐和地下水盐阈值优选适宜的灌溉制度,结果表明,在"畦灌+常规排水"模式下,宁夏农业用水定额标准的冬灌定额(60 m³/亩)无法满足套作区表层土壤盐分淋洗要求,长期灌溉后土壤发生次生盐碱化,本书建议冬灌定额标准提升至100 m³/亩。在"控制灌溉+常规排水"和"控制灌溉+控制排水"模式下,宁夏农业用水定额标准的水稻控制灌溉定额分别可削减10%和20%。⑥在地下水或农田排水补灌情境下,结合耦合模型模拟套作区和稻作区的水盐变化规律,参考水盐阈值范围优选适宜的联合灌溉制度。结果表明,在"畦灌+常规排水"模式下,应用地下水或农田排水补充灌溉,宁夏农业用水定额标准的小麦套种玉米畦灌定额标准可下调10%;在"控制灌溉+控制排水"模式下,采用地下水或农田排水补灌对应水稻的控制灌溉定额标准可削减30%。

通过模拟研究,本书建议在宁夏银北引黄灌区小麦套作玉米"畦灌+常规排水"模式下,作物生育期内黄河水灌溉3次(灌溉定额197 m³/亩),浅层地下水补灌2次(灌溉定额47 m³/亩)或农田排水补灌2次(灌溉定额53 m³/亩);"控制灌溉+控制排水"模式下,水稻生育期内黄河水灌溉5次(灌溉定额553 m³/亩),浅层地下水补灌5次(灌溉定额213 m³/亩)或农田排水补灌5次(灌溉定额243 m³/亩)。

本书在中央高校基本科研业务费专项资金"咸淡轮灌协同减氮调控模式下盐碱土壤水氮盐耦合效应研究与模拟"［B230201053］、河南省黄河流域水资源节约集约利用重点实验室开放研究基金资助项目"宁夏银北引黄灌区不同水源利用下的农田灌排模式研究"［HAKF202102］、宁夏回族自治区重点研发计划重大项目"宁夏现代化生态灌区关键技术集成研究与示范"［2018BBF02022］的联合资助下，由李金刚、陈菁、何平如及王少丽等撰写。本书依据的成果由河海大学、中国水利水电科学研究院、华北水利水电大学等单位共同完成。河海大学李金刚博士承担了本书大部分的撰写工作及前期野外监测、室内检测、数据分析、模型构建及模拟分析等工作；河海大学陈菁教授针对科学研究方法、试验设计等进行了指导；中国水利水电科学研究院王少丽教高针对本书中的研究方案设计、野外监测试验、模型构建及模拟分析等进行了指导；河海大学何平如博士参与了有关野外监测、数据分析及校稿工作。

本书涉及的研究成果在野外监测区选址和室内检测过程中得到了宁夏大学田军仓教授、宁夏大学沈晖副教授、宁夏水利科学研究院鲍子云教授级高级工程师、宁夏水利科学研究院张红玲高级工程师、宁夏水利科学研究院张娜高级工程师、宁夏水利科学研究院杜斌高级工程师、中国水利水电科学研究院李益农教授级高级工程师、中国水利水电科学研究院韩松俊教授级高级工程师、中国水利水电科学研究院陶园高级工程师、宁夏回族自治区水文水资源勘测局石嘴山分局史灵利高级工程师的热情帮助和支持。在本书撰写过程中河海大学缴锡云教授、张洁教授、陈丹副教授、代小平副教授、褚琳琳副教授、郭龙珠副教授以及南京水利科学研究院王小军教授级高级工程师、金秋高级工程师等提出了许多宝贵的意见，在此表示诚挚的谢意！

由于作者水平有限，书中不妥之处在所难免，敬请广大读者批评指正。

作　者

2023 年 1 月

目　录

第 1 章　绪　论

1.1　研究背景与意义

宁夏银北引黄灌区属中温带干旱气候,大陆性气候特征明显,多年平均降水量仅为 180~220 mm,年内降水主要集中在 7~9 月,多年平均降水量不足黄河流域平均值的 2/3,多年平均径流深仅相当于全国均值的 1/15,属严重的资源型缺水地区,灌区现状经济社会的发展用水主要依靠渠引黄河水,农业用水量占宁夏引黄总量的 93%~95%[1]。根据 1987 年国务院向沿黄各省(区)批转的《黄河可供水量分配方案》,在南水北调工程生效前,分配给宁夏可利用的黄河地表水资源量为 40.0 亿 m^3,占黄河水分配总量的 10.8%,结合宁夏可利用的地下水资源量(1.5 亿 m^3),全区的人均占有可利用水资源量为 664 m^3,仅相当于全国平均水平的 1/3,水资源严重短缺。根据 2009 年水利部黄河水利委员会和宁夏回族自治区人民政府批复的《宁夏黄河水资源初始水权分配方案》(宁政办发〔2009〕221 号),分配给银川市和石嘴山市的黄河水资源总量为 14.95 亿 m^3,灌区人均占有可利用黄河水资源量为 489.6 m^3,尚不能达到重度缺水区人均 1 000 m^3 标准。此外,灌区主要引水干渠唐徕渠和惠农渠在伏灌高峰期的峰值流量缺口较大[2],灌水模数仅为 0.8,无法满足作物适时需水要求。近年来,随着宁夏沿黄生态经济带的快速发展,宁夏引黄灌区有限的可供水量与经济社会发展需求的矛盾日益突出,水资源短缺已经成为制约区域经济跨越式发展的主要瓶颈。

虽然分配给宁夏银北引黄灌区的水资源量有限,引黄灌区水资源利用效率依旧较低。灌区农业生产主要应用传统的黄河水地面灌溉方式,灌溉水利用率不高,灌区作物平均水分生产率为 0.62 kg/m^3,仅相当于黄河流域节水型灌区的 1/3。不合理的农业用水结构进一步加剧了水资源短缺危机,灌区高耗水作物水稻的种植面积占总灌溉面积的 18.5%,因水稻的毛灌溉定额为 1 000 m^3/亩❶,其用水量占农业总用水量的 31.9%,严重浪费了有限的黄河水

---

❶　1 亩 = 1/15 hm^2,全书同。

资源。根据《2017 年宁夏农业灌溉用水有效利用系数测算分析成果报告》,石嘴山市 2017 年的灌溉用水有效利用系数为 0.513,低于全国平均水平 0.542。另外,地表水与地下水、供水与排水、城市与农村、治污与回用各环节仍由各部门独自管理,没有形成水资源统一管理的体制,水管部门对灌区的现行计量工作仅到支渠口,目前计量收费方式仍旧根据支渠计量向灌溉面积平均分摊,2019 年平罗县缴纳水费单价为 30 元/亩,而农户亩均灌水量接近 400 m³,用水单价不足供水成本的 1/2,因此广大农户节水意识淡薄,浪费水的现象比较普遍。

除黄河水资源外,宁夏银北引黄灌区还储藏有丰富的地下水资源,据《宁夏地下水资源调查评价报告》和《银川平原地下水资源合理配置调查评价》,银北引黄灌区年均地下水可开采利用资源量为 8.439 亿 m³,其中人工开采量仅为 24%左右,人工开采地下水资源应用于农田灌溉的程度不高,大部分浅层地下水损失于无效蒸发,造成水资源浪费。水资源短缺与利用效率低并存是制约宁夏银北灌区发展的最大瓶颈。

此外,宁夏银北引黄灌区位于青铜峡河西灌区下游,地形低平(坡降1/5 000～1/8 000),自然径流排水困难,土地盐渍化面积占全区盐渍化面积的94.3%,是宁夏土壤盐渍化最严重的区域。作物生育期内,灌区地下水受田间灌溉水大量入渗补给,黄河汛期的水位要高于灌区的排水沟出口水位,产生沟水顶托现象,地下水总补给量大于总排泄量,地下水埋深较浅,且春灌后地下水位最高期与强烈蒸发期(5～7 月)一致,冬灌后的水位最高期与冬、春季大风期一致,在强烈的蒸发作用下,地下水中的盐分和深层土壤盐分受毛细力作用随土壤水分向地表积聚,导致土壤盐渍化。根据《银北地区盐碱地改良监测评估报告》,2017 年宁夏银北地区盐渍化面积 77 386.67 hm²,占总耕地面积的 45.14%,其中,轻度盐渍化面积 50 226.67 hm²,中度盐渍化面积21 093.33 hm²,重度盐渍化面积 6 066.67 hm²。土壤盐渍化成为限制银北地区农业可持续发展的主要障碍。

2020 年 6 月,习近平总书记在宁夏调研时指出,宁夏要努力建设黄河流域生态保护和高质量发展先行区。国家自然资源部出台的《支持宁夏建设黄河流域生态保护和高质量发展先行区意见》在加强生态保护修复方面提出要深入研究水与其他各类生态要素的关系,加强地下水保护、合理利用和监测,防止荒漠化和盐渍化。因此,在宁夏银北引黄灌区结合不同灌排模式,综合开发利用地表水、地下水、农田排水资源,既是应对灌区黄河水资源紧张、实现灌区水资源的良性循环和高效利用、提高灌区灌溉水利用效率的有效措施,也是防止土壤次生盐碱化的发生和发展、促进黄河流域生态保护、助力宁夏高质量发展的有效举措。

本书以宁夏银北引黄灌区为研究背景,综合考虑灌区内作物需水和土壤水盐及地下水盐阈值,通过现场调研、区域水盐监测、SPSS统计分析、ArcGIS数据处理等手段,基于耦合的HYDRUS-MODFLOW-MT3DMS模型对多水源(黄河水、地下水、农田排水)联合利用和不同灌排模式下的土壤水盐运移规律进行模拟研究,以期为灌区制订切实可行的水源联合利用方案提供决策依据。

1.2　国内外研究动态

1.2.1　多水源联合利用研究动态

我国西北、华北地区气候干旱少雨、蒸发强烈,农业生产用水主要依靠过境黄河水和当地浅层地下水灌溉[3]。一方面,随着可利用的黄河水资源量日趋减少,灌溉水资源紧缺形势日益严峻;另一方面,大部分灌区灌溉水源单一、灌排模式不合理,灌溉水的利用效率较低。为了节约黄河水、提高灌溉水利用效率、缓解灌区水资源供需矛盾,在华北和西北地区迫切需要充分利用多种水源,加强对多种水资源的联合开发利用,探索符合灌区实际的多水源联合利用模式[4]。

井渠结合是西北、华北地区典型的地表水与地下水联合利用模式,具有充分利用地表水和地下水、适时灌溉和调控灌区地下水位、更新地下水资源、防治土壤次生盐碱化、提高水资源利用效率等突出特点。但是,不合理的井渠结合灌溉模式可能会引起农田土壤次生盐碱化,或者出现地下水过度开采形成的地下水降落漏斗。杜捷[5]针对宁夏的农业水土资源匹配特征采用耦合协调模型进行深入分析,以贺兰县为例构建了水土资源均衡优化配置模型,以灌溉水源均衡、生态水位控制等为目标,通过耦合鲸鱼算法和Visual MODFLOW模型优化了贺兰县的地表水和地下水资源配置方案,可为宁夏银北引黄灌区的地下水位调控和灌溉水源联合应用提供参考。陆阳等[6]在宁夏引黄灌区研究发现"井渠结合灌溉、井沟联合排水"模式相对"渠灌沟排"模式对地下水位的降低效果显著。孙骁磊[7]在Hydrogeosphere模型的基础上耦合了地表水-地下水优化配置模型,以灌区缺水量最少为目标,优化得到银北地区井渠结合灌区渠井灌水量的适宜比值为2.26。林琳[8]在现场监测试验分析的基础上,结合Visual MODFLOW模型和灌溉水优化配置模型针对惠农渠井渠结合灌区的地表水、地下水优化配置展开研究,结果表明最优渠井灌水比为 2.1。尹大凯等[9]根据宁夏银北引黄灌区的水文地质特点,结合 Visual MODF-LOW 模型对不同井灌和渠灌模式下的地下水运动进行三维模拟,结果表明当农田土壤含盐量较低时,春灌期可以使用井灌代替渠灌;当农田土壤含盐量较高时,冬灌期可以使用井灌代替渠灌。

农田排水相对淡水的盐分浓度和氮、磷等养分含量较高,水资源量受灌溉和降雨的影响显著。在灌排工程设施配套良好的条件下,合理利用排水灌溉可以为作物生长发育提供适宜的土壤水盐环境,确保作物产量,提高灌溉水资源利用效率,实现氮、磷等营养物质的循环利用,减轻排水中盐分及氮、磷等对下游水体的污染风险[10]。由于农田排水中盐分含量较高,不合理的利用模式可能导致土壤次生盐碱化,影响作物正常生长发育。GUERRA 等[11]在 1998 年就指出许多国家和地区已经应用农田排水进行作物灌溉。大量学者针对农田排水灌溉的适宜性及灌溉模式进行了深入研究。王少丽等[12]结合宁夏银北引黄灌区的排水特征,构建了排水灌溉的适宜性评价指标体系,以宁夏银北引黄灌区 5 个长期利用农田排水的区域为典型监测区分析农田排水的化学特征,结果发现灌水期的排水属于含盐量较低的氯化物钠型微咸水,有机污染物指标符合农田灌溉水质标准,可以应用于农田灌溉。王建伟[13]在深入分析石嘴山市现状农田水循环的基础上,以"自然-社会"二元水循环理论为基础,结合现状灌溉渠系和排水沟系布局,建立了"引沟济渠"的水资源利用模式,提出渠水和排水混掺的灌溉方案,基于水系连通路线设计及月尺度水量配置为提高灌区水资源利用效率提供了技术参考。HAMA 等[14]研究稻田的排水循环利用对氮、磷输出的影响,结果表明农田排水再利用是减少稻田氮、磷负荷的有效方法。

1.2.2　灌排综合调控研究动态

我国西北、华北地区降水稀少,农田作物需水绝大部分依赖于灌溉,灌溉不仅为作物生长发育提供水分,还对维持适宜的农田土壤理化环境和健康的地下水环境具有重要意义。农田排水过程主要是排出农田多余的水分,防止强降雨或过量灌溉对农田作物形成的涝害,输出饱和带与非饱和带中的过量盐分,维持农田土壤适宜水盐环境,促进地下水更新[15]。灌溉与排水是确保作物正常生长发育、实现稳产高产的重要举措,二者联系紧密,相互促进。科学合理的灌排模式对维持灌区健康可持续发展具有重要意义。大量学者针对联合灌排模式对作物生长发育及土壤水盐环境展开了研究。

Singh Gubir 等[16]针对美国在干旱和涝渍条件下不同灌排措施对玉米产量的影响展开研究,长期监测结果表明窄沟距和地下灌溉结合可以确保极端条件下的粮食产量。Panigrahi 等[17]在印度中部研究了滴灌和地面排水对柑橘产量和土壤的影响,结果表明,在黏土性质地的土壤上,滴灌与地面排水联合使用减少了土壤和养分流失,灌溉用水量减少 30%,产量提高近 90%。贾浩等[18]结合土柱试验,设置 3 个灌水水平和 3 个排水模式,根据试验数据利用 HYDRUS-1D 对灌排联合下的土壤水盐运移规律进行模拟,结果表明灌水定额 35 L 和 7 cm 排水管径联合下的土壤脱盐率达到最大值的 83.69%。窦旭等[19]在内蒙古河套地区通过田间试验研究暗管排水条件下不同春灌定额对土壤脱盐率的影响,结果表明在灌溉水资源限制条件下春灌定额 120 m³/亩可缓解土壤盐渍化,从稳产、控盐、节水的角度分析春灌定额 135 m³/亩结合暗管排水技术是河套灌区最适宜的春灌模式。黄亚捷等[20]应用 Sahys-Mod 模型模拟宁夏银北引黄灌区西大滩区域在不同灌排管理措施下未来 10 年的土壤水盐变化规律,结果表明加大灌水量和加深排水沟至 2.2 m 可以有效延迟耕地土壤盐分积累到障碍水平的时间。

俞双恩等[21]应用控制灌排技术在涟水县开展野外试验,结果表明在保证粮食产量的前提下,轻旱控制灌排技术具有良好的节水减污效果,相对常规灌排技术对应的灌溉定额降低 29.88%,排水定额减少 58.95%。彭世彰等[22]针对稻田不同灌排耦合模式下的作物需水规律展开研究,结果表明灌排耦合模式下的水稻各生育阶段需水强度均下降,控制灌溉结合控制地下水埋深模式相对常规灌排模式对应的水稻生育期内需水量下降达到 34.4%。和玉璞等[23]通过研究节水灌溉下不同排水控制限对稻田灌水量和水稻产量的影响,结果发现灌排耦合调控相对常规灌排,灌水量下降达到 41.7%,稻田蒸发蒸腾量下降 24.9%,水稻产量仅降低 1.9%,水分生产率提高 30.5%。

由于农田排水中含有氮、磷等污染物质,学者针对灌排系统对水环境的改善进行了大量研究。Allred 等[24]研究指出"灌溉–排水–湿地"系统以控制排水为基础,通过相关灌排设施将灌溉设施、农田和湿地联结为一体,通过物理化学作用和微生物作用降低农田排放的污染物浓度,对减轻下游地表水体污染风险具有重要作用。彭世彰等[25]针对高邮市稻田提出了"沟–塘–湿地"协同系统,研究结果表明该系统可以有效减轻稻田排水中的氮、磷污染,控制灌排相对传统灌排模式对总氮、总磷负荷的削减比例分别达到 53.72%和 37.45%。

我国南方和北方的气候、农业种植结构等存在差异,因此南方和北方在灌溉和排水方面侧重不同,南方灌排系统着重排水除涝,北方灌排系统着重抗旱和防止土壤次生盐渍化[26]。结合地域的气候特征、水资源条件、作物种植结构的灌排综合调控模式有待进一步研究。

1.2.3 地表水-地下水系统耦合模拟研究动态

农田系统中地表水与地下水的水力联系密切,频繁的水分运移转化过程促进了物质、能量及信息的传递和转换,对生物生长及物质元素循环具有明显的驱动作用[27]。研究地表水和地下水的联合利用对提高干旱、半干旱灌区的灌溉水资源利用率具有重要意义。随着计算机技术的快速发展,地表水、地下水联合利用的数值模拟技术得到广泛应用,基于计算机的数值模拟研究脱离了时间尺度和传统物理模型的空间尺度限制,可以结合数学模型较真实地反映农田水文循环过程。地表水、地下水联系紧密,非饱和带和饱和带通常需要作为一个整体系统考虑。国内外学者针对地表水和地下水数值模拟技术进行了广泛探索和深入研究,构建了大量的耦合模型。根据耦合模型在饱和带和非饱和带界面上的信息传递方式不同可分为完全耦合模型、单向耦合模型和反馈耦合模型。由于 Richards 方程的高度非线性特征以及土壤剖面在地表附近的精细化空间离散需要,完全耦合的饱和-非饱和三维模型的计算精度和计算成本要求很高[28]。单向耦合模型是将描述非饱和带模型的解传递给地下水模型,没有反馈机制,如 UZF1-MODFLOW[29]。反馈耦合模型是在潜水面的节点附近交换对应的水头或水流通量信息,数值计算的精度和计算成本得到折中处理[30],大多数耦合模型均属于反馈耦合模型。

美国地质调查局的 Michael G. Mcdonald 和 Arlen W. Harbaugh 在深入分析地下水运动机制的基础上于 1984 年开发了三维地下水流数值模型 MODF-LOW,经过不断的改进和完善,模型模拟地下水流方面功能强大,在许多行业和部门广泛应用。虽然 MODFLOW 模型适宜于在区域尺度上模拟地下水流运动,但其将非饱和带土壤水流过程概化为上通量边界,无法真实反映非饱和带与饱和带的水分转化过程及非饱和带的水分运动。学者针对 MODFLOW 与其他模型的耦合展开大量研究[31]。UZF1-MODFLOW[29] 是对 MODFLOW 模型的拓展,在 MODFLOW 模型的基础上增加了模拟非饱和带土壤水流运动的功能[32],然而由于 UZF1 模块忽略了毛细力作用,概化土壤剖面为均质土壤,与非饱和带实际土壤水分运移过程存在偏差。

HYDRUS 模型由美国国家盐改中心的 M. Th. van Genuchten 和 Kool Huang 在 SWMS_1D 模型的基础上于 1991 研发,可以用于模拟可变饱和介质中水分、溶质和能量运移,综合考虑了降水、渗透、毛细上升、植物根系吸水、蒸发、土壤水储量、地表径流等过程,广泛应用于非饱和带土壤水流运动和溶质运移模拟。HYDRUS 与 MODFLOW 模型的耦合形式主要是以 MODFLOW 模型模块化的结构设计为基础,将 HYDRUS-1D 源程序[33]处理成子程序包嵌入 MODFLOW 模型的主程序中,以潜水面为交界面将两个模型进行空间耦合[34]。耦合模型拓展了 MODFLOW 模型模拟非饱和带水流运动的功能,提高了 MODFLOW 模型在降水入渗项和潜水蒸发项的计算精度。

部分学者针对 HYDRUS-MODFLOW 耦合模型进行了研究。为构建忻州市滦河流域的水文地质概念模型,王宁[35]结合 HYDRUS-MODFLOW 耦合模型对流域的地下水位和断面出口流量进行模拟,结果表明,耦合模型具有较高的模拟精度和适应性。张雅楠[36]应用 HYDRUS-MODFLOW 耦合模型模拟土槽降雨入渗对地下水位、地下水出流量及土壤水势的影响,结果表明,耦合模型在小尺度内对饱和与非饱和带之间的地表水、土壤水和地下水运移转换过程模拟精度较高。潘敏等[37]采用 HYDRUS-MODFLOW 耦合模型对内蒙古河套灌区井渠结合区的水分运移转化进行模拟,将模型输出的土壤含水率和地下水埋深与野外监测试验数据进行对比分析,结果表明耦合模型的模拟效率高、精度高,可以应用于井渠结合区的水分运移转化过程模拟。代锋刚等[38]结合 HYDRUS-MODFLOW 耦合模型在沧州市沧县的典型盐碱区模拟不同水文气象条件下的水平井排盐效果,认为耦合模型可以应用于大区域尺度下的水利工程改良盐碱土效果评价。Szymkiewicz[39]同时将 HYDRUS 和 SWI2 软件包与 MODFLOW 模型结合,利用 SWI2 模型辅助模拟含水层的饱和带咸水入侵过程,应用 HYDRUS 模型辅助模拟非饱和带的水流运动,结果表明 HYDRUS 和 SWI2 与 MODFLOW 模型的组合使用提高了咸水入侵过程数值模拟的精度。

1.3　存在的问题

综上所述,国内外学者在多水源联合利用、灌排综合调控方面展开了深入研究,得到了大量地表水、地下水和农田排水利用模式,提出了许多灌排调控方案,构建了众多地表水-地下水系统耦合模型,但仍存在以下问题:

(1)针对灌区多水源联合利用的研究,当前主要集中在地表水与地下水的联合利用模式,涉及农田排水、中水等与地表水、地下水联合利用的研究相对较少。

(2)西北和华北地区主要灌溉和排水方式为地面灌溉和明沟排水,而目前学者针对干旱、半干旱地区开展的灌排调控模式研究以微灌结合暗管排水技术为主,灌排模式的优化未充分考虑到对应的经济效益和实际操作便利程度。

(3)大多数学者结合地表水、地下水耦合模型开展的水资源优化配置研究主要以水资源量为约束,同时考虑土壤水盐和地下水盐等限制因子的区域灌排模式优化研究相对较少。

(4)随着种植结构的变化和引黄水量的减少,引黄灌区非饱和带和饱和带的水盐运移发生变化。在引黄灌区,针对引黄水量减少等变化条件下,灌排模式的改变对土壤水盐和地下水盐运移规律的影响有待进一步研究。

1.4　主要研究内容

本书以农田耕作层土壤水分和盐分含量及地下水埋深和矿化度阈值为约束,在现场调研、野外监测和室内试验的基础上,结合理论分析与数值模拟等手段,对不同水源利用及灌排模式下的土壤水盐和地下水盐动态进行模拟研究,筛选不同水源利用下的适宜灌排模式,主要研究内容如下:

(1)研究区土壤水盐和地下水盐动态分析。

基于监测试验数据,分析作物生育期内土壤含水率、土壤含盐量、地下水埋深及地下水矿化度的动态特征,结合相关研究成果确定研究区小麦套种玉米和水稻种植的耕作层土壤水盐阈值及地下水埋深和矿化度阈值;结合MATLAB 等软件分析各层土壤含盐量与对应浸提液电导率的相关关系,分析各层土壤含盐量与对应的土壤含水率、地下水埋深、地下水矿化度的相关关系;通过构建水盐均衡模型针对研究区水分和盐分均衡展开研究,为地表水、地下水耦合模型的构建提供参考。

(2)研究区灌溉水源适宜性评价。

根据研究区气象、土壤、作物、灌排工程等情况构建灌溉水适宜性评价指标体系,结合 2019 年 4 月至 2021 年 3 月的气象、水文等资料,采用模糊综合评价法对研究区 5~8 月的地下水和农田排水进行灌溉适宜性评价;结合作物系数法和水量平衡法计算研究区不同时段的灌溉需水量,分析现状灌溉模式和宁夏农业用水定额标准对应灌溉模式的节水潜力,为灌区水资源的联合利用提供参考。

(3)HYDRUS-MODFLOW-MT3DMS 耦合模型的构建。

结合相关研究成果和现场调研资料对研究区水文地质条件进行深入分

析,建立水文地质概念模型,结合 HYDRUS-MODFLOW-MT3DMS 模型的耦合原理针对研究区进行空间离散、针对模拟时段进行时间离散,以 2019 年 4 月的监测资料作为初始条件,结合 2019 年 4 月至 2021 年 3 月的土壤水盐和地下水盐监测试验数据对耦合模型的相关参数进行率定和验证,确定模型各参数的合理取值,为不同情境下饱和带和非饱和带的水盐运移模拟奠定基础。

(4)现状灌排模式下的土壤水盐及地下水盐动态预测。

结合率定和验证后的耦合模型预测现状水源利用和灌排模式下未来 30 年的土壤水盐和地下水盐动态,研究不同水文年型的水盐运移规律,分析灌区现状灌排方案的合理性。

(5)不同水源利用模式下的适宜灌排模式优化。

参考宁夏农业用水定额标准设置不同模拟情境,以土壤水盐和地下水盐阈值为约束,采用耦合模型优化平水年不同模拟情境下的适宜灌溉制度,并预测对应灌排模式下未来 30 年的土壤水盐和地下水盐变化规律,提出灌区在不同水源联合利用下的适宜灌排模式。

1.5 拟解决的关键问题

(1)在水盐均衡分析的基础上,结合研究区水文地质特点,构建合理的地表水、地下水耦合模型。

(2)在不同黄河水灌溉定额下,结合 HYDRUS-MODFLOW-MT3DMS 耦合模型模拟优化适宜的灌排模式。

(3)在不同水源联合利用模式下,应用耦合模型优化适宜的灌溉制度。

1.6 技术路线

本书采用现场调研与野外监测、室内分析与数值模拟相结合的方法进行研究,在对研究区土壤水盐和地下水盐动态分析的基础上,构建水盐均衡模型分析研究区的水分和盐分均衡状态,结合水文地质特点构建地表水、地下水耦合模型,经过对耦合模型的率定和验证,结合耦合模型预测不同情境下的土壤水盐和地下水盐变化规律,提出不同水源利用下的适宜灌排模式。技术路线见图 1-1。

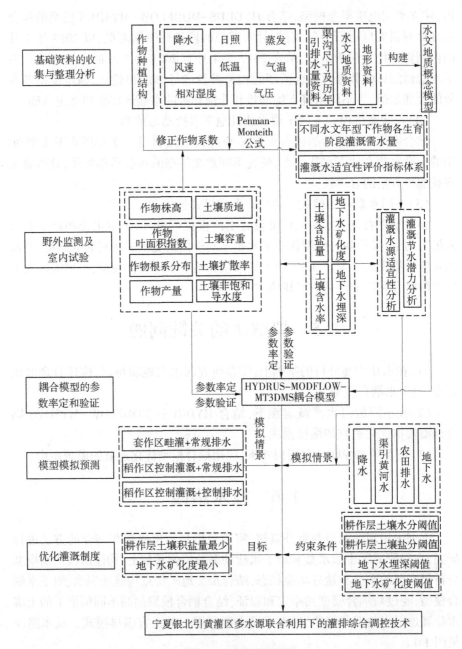

图 1-1　技术路线图

第 2 章 研究区概况与试验监测

2.1 自然地理

2.1.1 地理位置

根据研究需要,本书选择的典型研究区位于宁夏回族自治区石嘴山市平罗县的黄河冲积平原($106°30'14.4''$E ~ $106°36'50.4''$E, $38°44'49.2''$N ~ $38°52'51.6''$N),地面高程(黄海)1 097.75 ~ 1 101 m,东、西两侧分别以平罗县渠口乡的 203 乡道和惠农渠为边界,南、北两侧分别以永华渠和第五排水沟为边界(见图 2-1),土地面积 75.46 km^2。研究区地势低平,由西南向东北倾斜,地面坡降 0.15%,受黄河水顶托倒灌影响排水较困难。

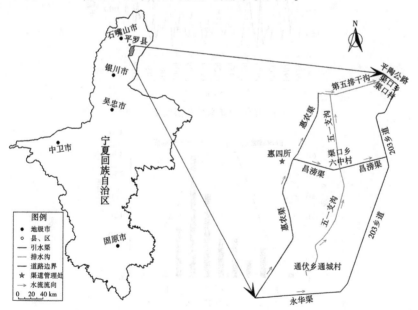

图 2-1 研究区地理位置示意图

2.1.2　气象条件

研究区地处我国西北内陆,属于中温带干旱气候区,日照充足、温差大、蒸发强烈。平罗县气象站(站号53611)距离研究区几何中心约7.35 km,其历史观测资料可用于代表研究区的历史气象状况。据平罗县气象站观测资料,研究区降水量及蒸发量变化见图2-2,由图2-2可知研究区降水稀少,蒸发强烈,降水量年内分配不均,多年平均降水量为185 mm,其中6~9月降水量占全年降水总量的75.11%,4~5月降水量仅占全年降水总量的15.45%,春季的降水时间与农作物需水时段不相匹配,易形成春旱;6~9月降水集中,易引起涝灾;多年平均蒸发量1 844 mm,且主要集中在4~8月,12月至次年1月蒸发量较小。研究区其他气象特征如下:

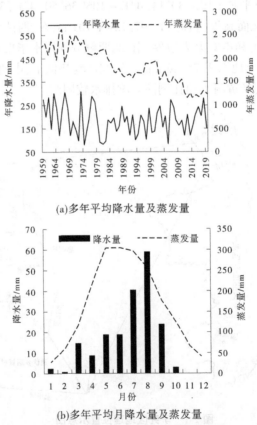

(a)多年平均降水量及蒸发量

(b)多年平均月降水量及蒸发量

图2-2　研究区多年降水量及蒸发量

（1）昼夜温差大，年平均气温为 9.0 ℃，年平均最高气温为 16.0 ℃，年平均最低气温为 2.8 ℃，年极端最高气温为 38.9 ℃，年极端最低气温为 -28.2 ℃。

（2）地温变化明显，浅层地温随土壤深度的增加而减小，地表 0~20 cm 年平均温度为 11.0 ℃。

（3）光照充足，太阳辐射强烈，日照时数长，多年平均年日照时数为 2 388 h，5~6 月日照时数最长，12 月至次年 2 月日照时数最少。

（4）气候干燥，相对湿度主要受降水和灌溉的影响，年平均相对湿度为 55%，4 月相对湿度最小为 40%，8 月最大为 65%。

（5）无霜期短，年平均无霜期为 171 d，初霜期最早开始日期为 9 月 15 日，终霜期最晚结束日期为 5 月 17 日。

（6）表层土壤通常于每年 11 月中下旬开始冻结，次年 3 月底完全融通，最大冻土深度为 0.9 m，年平均冻土深度为 0.7 m。

（7）全年多风，年平均风速为 2.0 m/s，4 月多出现大风和沙尘暴，风向多为西北风。

2.2　土壤植被

2.2.1　土壤条件

研究区表层土壤具有明显的平原区河床相二元结构特征，上部为沙壤土夹粉细砂，下部为砂砾卵石层。根据《平罗县土壤调查报告》（平罗县国土资源局，2017），研究区表层结构主要为壤土和沙壤土，呈软塑-可塑状态，厚度 1.4~2.5 m，允许承载力 $[R] = 100~150$ kPa。受耕作、施肥、灌溉等影响，表层土壤孔隙度较大。研究区农田经多年种植农作物后，表层土壤有机质和养分含量较低，平均有机质含量为 13.8 g/kg，平均速效磷、速效钾含量分别为 0.19 g/kg 和 0.23 g/kg。研究区中层结构主要为细砂层，通常呈中密-密实状态，允许承载力 $[R] = 180~250$ kPa，其中，地下水位以下的土壤一般呈硬塑-坚硬状态，允许承载力 $[R] = 225~300$ kPa。

基于 2017 年国土土地变更调查数据，结合实地调研和 Google Earth 下载的影像图分析，研究区耕地面积为 71.36 km²，水域面积 0.23 km²，居民住房用地面积 4.17 km²，林地和交通运输用地面积分别占 0.39 km² 和 0.30 km²。

受独特的气候条件及人为不合理灌排活动的影响，研究区土壤盐碱化明显。宁夏水利科学研究院以 2009 年和 2017 年 3 月的国产高分 1 号卫星遥感影像(RS)为基础数据源,结合精确定位(GPS)对行政区划进行矢量化,利用地理信息系统(GIS)分析工具获取了银北地区关键时间序列节点上土壤盐渍化空间分布的定量解译,得到了 2009 年和 2017 年银北地区表层 20 cm 的盐渍化土壤分布情况。本书以宁夏水利科学研究院得到的 2009 年和 2017 年银北地区盐渍化土壤分布结果为基础,结合研究区地理位置利用 ArcGIS 软件裁剪得到研究区 2009 年和 2017 年盐渍化分布见图 2-3 和图 2-4。由图 2-3、图 2-4 可知,相对 2009 年土壤盐渍化分布情况,2017 年的非盐渍化面积有所增加,昌滂渠以北的非盐渍化耕地向南扩张,昌滂渠以南的非盐渍化耕地向西北部扩张。究其原因,可能是宁夏水利部门 2013 年编制了《银北地区百万亩盐碱地改良骨干排水沟道治理规划》,并于 2014 年整治了研究区内的主要支沟,研究区排水条件得到改善。此外,宁夏水利部门 2013～2016 年结合国土整治、农业综合开发等项目,开展了田间排水沟道治理,部分盐渍化土壤逐渐转变为非盐渍化土壤,部分中度和重度盐渍化土壤逐渐转变为轻度盐渍化土壤。据《银北地区盐碱地改良监测评估报告》(宁夏水利科学研究院,2019),研究区 2017 年非盐渍化耕地面积占 44.58%,轻度盐渍化耕地面积占 45.35%,中度盐渍化耕地面积占 7.71%,重度盐渍化耕地面积仅占 2.36%。

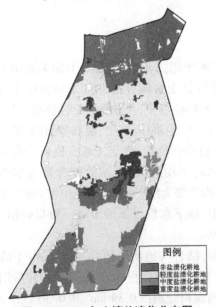

图例
非盐渍化耕地
轻度盐渍化耕地
中度盐渍化耕地
重度盐渍化耕地

图 2-3　2009 年土壤盐渍化分布图

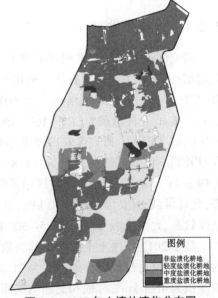

图例
非盐渍化耕地
轻度盐渍化耕地
中度盐渍化耕地
重度盐渍化耕地

图 2-4　2017 年土壤盐渍化分布图

2.2.2　作物种植结构

农作物为研究区主要植被,其中,粮食作物的种植面积比例高达99.23%,经济作物的种植面积仅占 0.77%。经实地调研发现,研究区小麦于每年 3 月中旬播种,7 月 10 日收割,生育期为 3 月 23 日至 7 月 10 日;玉米于每年 4 月中旬播种,生育期为 5 月 1 日至 10 月 10 日;水稻于每年 5 月中旬播种,主要生育期为 5 月 11 日至 10 月 20 日。昌滂渠以北的农业种植以套作为主,主要套种玉米和小麦(简称套作),其中小麦套种比例为 60%,玉米套种比例为 40%,套种面积约为 19.92 km²;昌滂渠以南的农业以种植水稻(简称稻作)为主,水稻种植面积约为 51.39 km²。

2.3　水文地质条件

2.3.1　含水层结构

根据《西北地区水资源合理开发利用与生态环境保护研究——宁夏水资源评价》(宁夏回族自治区水文水资源勘测局,2015),研究区位于银川断陷盆地北部,在横剖面上呈地堑式的断阶状下落,内部断裂发育,基地构造复杂,第四系分布广泛,厚度 1 120~1 620 m,以冲湖积物为主,其次为湖沼沉积物,地层主要由白垩系砂岩和页岩组成。研究区综合水文地质剖面结构见图 2-5,地下水赋存于第四纪松散砂层的孔隙中,根据地下水赋存条件可划分为上覆潜水含水岩组(第 I 含水岩组)、第一承压水含水岩组(第 II 含水岩组)和第二承压水含水岩组(第 III 含水岩组),其中上覆潜水含水岩组由 2~4 个相互具有水力联系的含水层构成,具有微承压性,含水层岩性以细砂和粉细砂为主。

研究区潜水含水层厚度 16~40 m,渗透系数 3~8 m/d,给水度 0.001~0.045。潜水含水层宜井深度 30~60 m,地下水储量补给模数为 20 万m³/(年·km²),单井涌水量 1 000~2 000 m³/d,属于较富水区。根据《石嘴山市地下水资源勘查报告》(宁夏回族自治区水文水资源勘测局,2016),研究区地下水部分物理化学性质见图 2-6。按布罗德茨基分类,潜水以 HC 型、HS 型为主,局部地区为 SC 型和 CH 型。受沉积环境的影响,地下水分布呈孤岛状,不同区域的水质差异较大,大部分区域的潜水总硬度小于 450 mg/L。

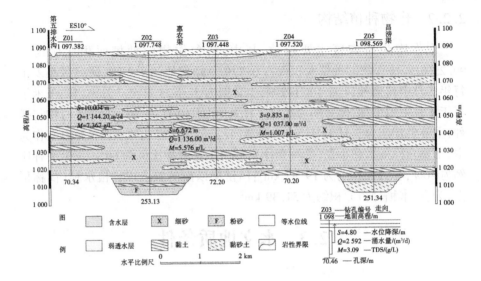

图 2-5　研究区综合水文地质剖面图

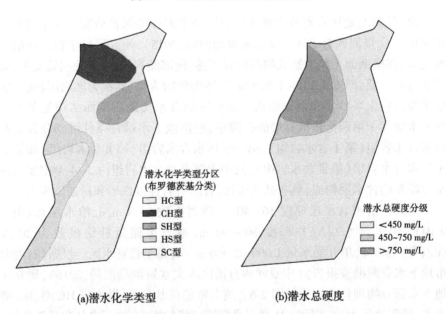

(a)潜水化学类型　　　　　(b)潜水总硬度

图 2-6　研究区地下水部分物理化学性质

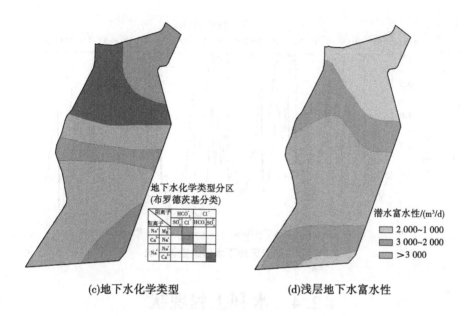

(c)地下水化学类型　　　　　　　　(d)浅层地下水富水性

续图 2-6

2.3.2　地下水动态特征

研究区地下水变化特征为典型的灌溉–入渗–蒸发型,地下水补给以灌溉入渗为主,其次为降水入渗。2015~2019 年套作区和稻作区的地下水埋深变化情况见图 2-7,年内地下水埋深变化明显,全年变幅约为 2.5 m,年际之间变化规律一致。研究区每年 5 月中旬开始夏灌,地下水位普遍上升,7~8 月出现一个水位高峰期;随着农作物逐渐成熟,引水灌溉量减少,8 月下旬渠道停止引水,地下水位在 10 月中旬达到低谷;套作区 10 月下旬开始冬灌,11 月中旬再次出现另一个水位高峰期,之后地下水位逐渐下降,直到次年 2 月中旬至 3 月上旬水位再次下降到最低。套作区相对稻作区在 5 月中旬至 10 月上旬的地下水埋深大,在 10 月下旬至 12 月中旬的地下水埋深小,这主要是因为套作区相对稻作区在作物主要生长季(5~9 月)的引黄灌溉水频次低,灌溉定额小;而套作区在作物收获后,于 10 月下旬开始进行冬灌,通过灌溉入渗对地下水产生了显著的补给效应。

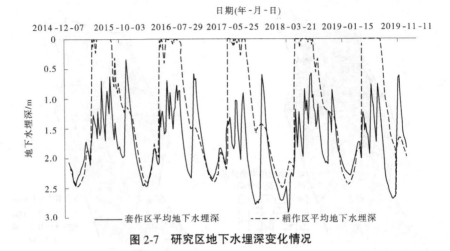

图 2-7　研究区地下水埋深变化情况

2.4　水利工程现状

2.4.1　水资源条件

2.4.1.1　水资源总量

研究区相距贺兰山区较远(约 30 km),全年降水较少,几乎没有地表径流形成,但受引黄灌溉入渗补给的影响,地下水资源较丰富。据 1959~2019 年的气象资料,研究区多年平均降水量为 185 mm,仅相当于多年平均蒸发量的 1/10,根据面积折合降水量为 1 414.33 万 m³。研究区年内地下水位较高,套作区平均埋深 1.76 m,稻作区平均埋深 1.22 m。根据《石嘴山市引黄灌区浅层地下水开发利用项目前期研究》(宁夏水利科学研究院,2018),石嘴山市引黄灌区(黄河冲湖积平原)浅层地下水资源量 3.55 亿 m³,其中平罗县引黄灌区矿化度≤2.0 g/L 的地下水资源量共 13 925 万 m³,面积 734 km²。研究区地下水矿化度≤2.0 g/L,结合面积估算研究区地下水资源量为 1 450 万 m³。结合降水量和地下水资源量,得到研究区水资源总量约为 2 864 万 m³。

2.4.1.2　引排水量

根据《宁夏黄河水资源县级初始水权分配方案》(宁政办发〔2009〕221号),分配给平罗县的农业与生态水权为 2.88 亿 m³,按耕地面积换算得到研究区农业与生态的水权为 3 749.82 万 m³。根据《"十三五"实行水资源消耗总量和强度双控行动加快推进节水型社会建设方案》(宁政办发〔2017〕47号),平罗县农业与生态取水、用水总量控制指标分别为 6.53 亿 m³ 和 5.54 亿 m³,按耕地面积换算得到研究区农业与生态的取水、用水总量控制指标分别为 8 502.19 万 m³ 和 7 213.19 万 m³。

研究区内 2015~2019 年各支渠引水量见图 2-8,年均引水量 6 292 万 m³。2017 年和 2019 年各支渠引水量较小,这可能与对应年份降水量较大导致农业灌溉需水量减少有关。根据 2019~2020 年研究区排水监测资料,研究区新五一支沟年均排水量为 1 146 万 m³,老五一支沟年均排水量为 1 689 万 m³,研究区年均排水总量约为 2 835 万 m³。

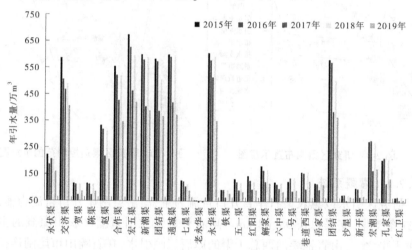

图 2-8　2015~2019 年研究区各支渠引水量

2.4.2　灌排系统

研究区深居西北内陆,干旱少雨,蒸发强烈,农业生产用水主要依靠渠道引水灌溉,农业生产排水主要为明沟排水。为了充分保障农业生产,宁夏各级水利部门规划实施了高标准农田建设等项目,开展了银北百万亩盐碱地改良等工程,在研究区内已经建立了一套相对完善的灌排系统,灌溉渠道和排水沟道纵横交错,其中,骨干灌溉渠道为惠农渠和昌滂渠,主要排水沟为第五排水沟和五一支沟,具体沟渠布置见图 2-9,渠道控制范围见图 2-10。研究区内昌滂渠以北,支渠和支沟主要呈南北向相间布置;昌滂渠以南,支渠和支沟主要呈东西向相间布置。

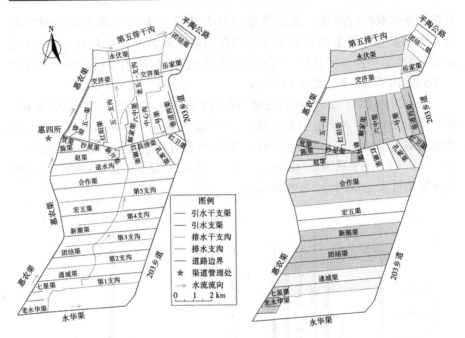

图 2-9　研究区渠沟布置示意图　　　图 2-10　研究区渠道控制范围示意图

2.4.2.1　灌溉系统

研究区引水以惠农渠右岸直开口自流为主,昌滂渠两岸开口自流为辅,共计 27 条支渠,支渠总长 98.08 km。惠农渠是银北引黄灌区农田灌溉的主要引黄干渠之一,由青铜峡河西总干渠的原唐三闸引水,在石嘴山市尾闸连接第五排水沟,经过宁夏回族自治区水利厅主持的灌区续建配套工程建设,目前已改造完毕,设计引水流量 125 m³/s,实际最大引水流量 97 m³/s,年均引水量 11.2 亿 m³。惠农渠作为研究区的西侧边界,在研究区内长度为 19.22 km,右岸有 13 个直开口,通过 13 条支渠向研究区供水。根据惠农渠第五管理处提供的资料,研究区近 5 年(2015~2019 年)经惠农渠年取水量为 4 508.41 万~6 772.70 万 m³。昌滂渠由惠农渠阮桥分水闸分水,是惠农渠最大的支干渠,自西向东横穿整个研究区,在研究区内长度为 8.39 km,设计引水流量 16 m³/s,实际引水流量 10 m³/s,研究区内南北两侧的直开口共计 14 个。

2.4.2.2　排水系统

第五排水沟是研究区的排水干沟,作为研究区的北侧边界,在研究区内长度为 6.25 km,设计排水流量为 7.11 m³/s,平均水深 1.42 m,流速 0.57 m/s,边坡坡比为 1:2,比降 1/5 500。

研究区内五一支沟分老五一支沟和新五一支沟,老五一支沟起源于六中村,全长 3.9 km,控制排域面积 2 066.67 hm²;新五一支沟起源于通伏乡金堂桥东侧,在渠口乡交际村汇入第五排水沟,自南向北纵贯整个研究区,全长 11.6 km,年平均排水量 468 万 m³,控制面积 8 066.67 hm²,比降 1/4 000,设计流量 1.96 m³/s,平均流速 0.48 m/s,侧坡坡比 1:2。新五一支沟与老五一支沟于六中村附近相交汇,新五一支沟部分排水在六中村附近进入老五一支沟。昌滂渠以南区域的农田排水主要通过 5 条支沟和 1 条退水沟汇入新五一支沟,自南向北汇入第五排水沟;昌滂渠以北区域的农田排水主要通过老五一支沟及新五一支沟汇入第五排水沟。

2.5　土壤水盐定点监测

根据宁夏回族自治区水文水资源监测预警中心提供的 11 眼省级基本监测井(站)位置,于 2019 年 5 月初在研究区内增设 11 眼 4 m 深观测井(见图 2-11),其中昌滂渠以北新增布置 5 眼观测井,昌滂渠以南新增布置 6 眼观测井。

综合考虑研究区 11 眼省级基本监测井(站)位置和新增布设的 11 眼观测井位置,按照棋盘式布点方法,在研究区内布设 21 个土样采集点(见图 2-12),其中昌滂渠以北的套作区布置 9 个,昌滂渠以南的稻作区布置 12 个。

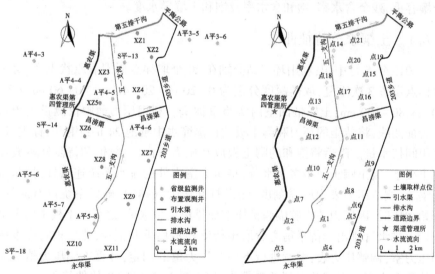

图 2-11　研究区观测井布置图　　　　图 2-12　研究区土壤取样点位图

在 4 月 21 日至 11 月 1 日期间,于每月灌前的 1 日、11 日、21 日,在每个土样采集点利用口径为 5 cm 的土钻取一次土样,土样采集深度分别为 0~20 cm、20~40 cm、40~60 cm、60~80 cm、80~100 cm,每个取样点设置 3 次重复,每份土样同时利用自封袋和铝盒收集。铝盒收集的土样在室内称重后,置于恒温烘箱内 108 ℃烘干 24 h 后,称重,计算土壤质量含水率。自封袋收集的土样经自然风干后碾压过 1 mm 筛,配制成土水比 1∶5 的土壤溶液,振荡澄清后,分别采用电导率仪(型号 DDSJ-318)和 pH 计(型号 PHS-3C)测量上清液电导率和 pH。

针对 5 月 15 日、7 月 30 日和 10 月 15 日采集的土壤样品除配制溶液测定电导率外,另配制 2 份土水比 1∶5 的土壤溶液,振荡澄清后,过滤 1~2 遍。其中 1 份溶液采用水浴锅蒸干法测定土壤溶液全盐含量,结合 MATLAB 软件拟合土壤全盐含量与电导率 $EC_{1∶5}$ 的关系。另一份土壤溶液结合流动分析仪和原子分光光度计测定土壤溶液中的八大离子(Cl^-、SO_4^{2-}、HCO_3^-、CO_3^{2-}、Na^+、K^+、Mg^{2+}、Ca^{2+})含量。

2.6　土壤物理参数测试

2019 年 5 月中旬,在各土壤水盐监测点取样分析不同土层的土壤质地、土壤容重、残余含水率、饱和含水率及饱和土壤导水度。

2.6.1　土壤水分特征曲线

2019 年 5 月中旬,利用环刀钻分别在 20 个取样点周围取原状土样,每个取样点设置 3 次重复,取样深度分别为 0~20 cm、20~40 cm、40~60 cm、60~80 cm、80~100 cm,土样带回室内实验室称重。利用压力薄膜仪测量土壤水分特征曲线,将装土的环刀和陶土板放在蒸馏水中浸泡 24 h 到饱和,称重,计算田间持水量。随后将饱和的陶土板放在压力室内,再将饱和待测样本放在陶土板上,吸出陶土板中多余水分,将压力室内外的排水系统连接好,拧紧压力锅盖,调节压力表到所需刻度,缓慢打开压力气体源,确保系统没有漏气。开始加压时,因压力使橡胶隔膜被压缩而排出大量水分,之后陶土板中的水也开始由排水管排出。待平衡之后取出待测样本称重并记录,然后再将样本放回压力室,调整压力表,继续进行下一个压力值的测定,计算不同压力值对应的体积含水率。以试验得到的数据为基础,通过 MATLAB 软件编程求解 van Genuchten 模型的参数,得到 van Genuchten 模型表征的土壤水分特征曲线。

2.6.2　土壤容重

待土壤水分特征曲线测量试验完成后,将环刀密封盖打开并置于烘箱中,105 ℃恒温烘干 12 h,在干燥器中冷却至室温,立即称取干重,计算土壤容重。利用 SPSS 软件针对试验得到的土壤容重数据进行基础统计分析,发现表层 20 cm 土壤容重介于 1.346~1.512 g/cm³,平均值为 1.45 g/cm³,中值为 1.426 g/cm³,标准差为 0.237 g/cm³;20~40 cm 土壤容重介于 1.482~1.588 g/cm³,平均值为 1.57 g/cm³,中值为 1.566 g/cm³,标准差为 0.157 g/cm³;40~100 cm 土壤容重介于 1.448~1.605 g/cm³,平均值为 1.56 g/cm³,中值为 1.555 g/cm³,标准差为 0.211 g/cm³。

结合 ArcGIS 软件对不同位置各层土壤容重数据进行 Kriging 插值,结果见图 2-13,表层 20 cm 相对 20~100 cm 的土壤容重空间差异性更大;相同位置 20~40 cm 土壤容重大于 0~20 cm 土壤容重。

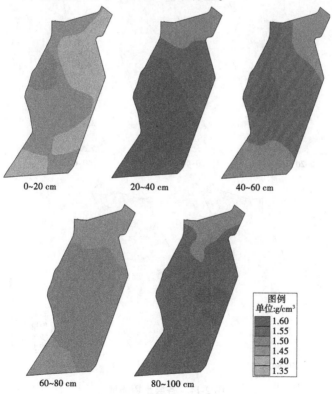

图 2-13　各层土壤容重

2.6.3　土壤质地

土壤容重是影响土壤水力特性和作物生长的重要因子,受成土母质、生物作用、成土过程、气候条件及人为耕作等影响。利用环刀钻采集土样的同时,应用口径为 5 cm 的土钻采集一次土样,每个取样点设置 3 次重复,土样采集深度分别为 0~20 cm、20~40 cm、40~60 cm、60~80 cm、80~100 cm。采集的土壤经风干后碾压并过 1 mm 筛,利用激光粒度仪(型号 Bbckm-conl-trels-230)测量土壤粒径,结合 Fraunhofer 模型计算得到土壤颗粒组成,采用国际制土壤质地分类标准进行分类,结果见图 2-14。由图 2-14 可知,研究区土壤质地包括粉壤土、沙壤土和沙土;作物耕作层(地表以下 40 cm)土壤质地主要为粉壤土;0~80 cm 主要为粉壤土,80~100 cm 主要为沙壤土。研究区 0~60 cm 相对 60~100 cm 土壤质地的水平分布差异性较小。

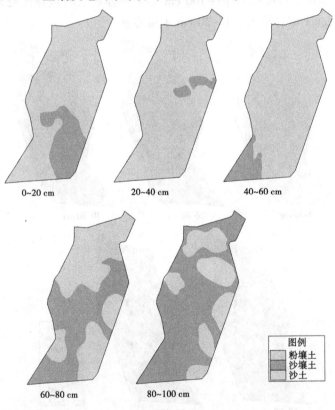

图 2-14　各层土壤质地

2.7　渠道及排水沟水质监测

　　统计研究区内各引水口的流量情况。每年 4 月、8 月、11 月自惠农渠各取一次黄河水样,采用电导率仪和 pH 仪测量黄河水矿化度和 pH。

　　根据研究需要,设置 7 个排水沟的水质监测断面,具体位置见图 2-15。每月 15 日和 30 日各取 1 次排水沟监测断面的水样,测量排水沟水的矿化度和 pH。

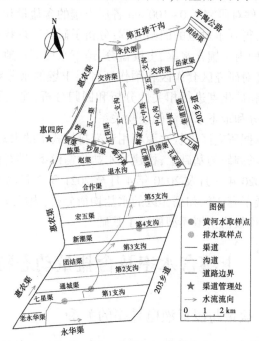

图 2-15　排水沟水质监测断面示意图

2.8　地下水埋深及矿化度监测

　　结合自记水位计(HOBO U20L 系列水位计)针对研究区内增设的 11 眼观测井的地下水埋深进行监测,设置记录时间间隔为 0.5 h。针对增设的 11 眼观测井,每月 15 日和 30 日各取 1 次地下水样,采用电导率仪和 pH 仪测量地下水矿化度和 pH。

第 3 章 研究区土壤水盐与地下水盐动态

本章以 2019 年 4 月至 2021 年 3 月的野外监测和室内试验数据为基础，结合 MATLAB 软件对研究区 0～100 cm 各层土壤的含盐量和土壤浸提液电导率进行回归分析，得到了对应的回归方程；分析了研究区现状水源利用和灌排模式下作物生育期内土壤含水率、土壤盐分、地下水埋深及地下水矿化度的动态变化规律；通过对研究区套作区和稻作区各层土壤的水分和盐分含量及对应的地下水埋深和矿化度进行相关性分析和回归分析，建立了表层土壤盐分与对应的土壤水分和地下水埋深的经验关系。

此外，为了掌握研究区现状水源利用和灌排模式下的水盐补排情况，本章在资料收集和现场调研的基础上，构建了水盐均衡模型，结合监测试验数据对 2019 年 4 月至 2020 年 3 月及 2020 年 4 月至 2021 年 3 月的水盐补给和排泄项进行计算，开展了套作区和稻作区的水盐均衡分析，为后续构建饱和带和非饱和带的水盐运移数值模拟模型奠定了基础。

3.1 土壤含水率及含盐量动态特征

3.1.1 土壤全盐量与浸提液电导率的关系

以各层土壤取样的试验数据为基础，结合 MATLAB 软件针对 0～100 cm 各层土壤的浸提液电导率和土壤全盐量进行回归分析，结果见图 3-1。由图 3-1 可以看出，表层 20 cm 土壤盐分含量与土壤浸提液电导率 $EC_{1:5}$ 对应的回归方程 R^2 为 0.824，表现出显著线性相关性；20～100 cm 土壤对应的回归方程 R^2 均大于 0.96，表现出极显著线性相关性。土壤全盐量随着土壤浸提液电导率的增加而增加，该结果与方媛等[40] 和刘学军等[41] 的研究结果一致。

以 2020 年 4～10 月的土壤取样监测数据对各层土壤建立的回归方程进行验证，平均相对误差 MRE 和均方根误差 RMSE 结果见表 3-1。由表 3-1 可以看出，本书针对各层土壤建立的回归方程可以较好地表征土壤盐分含量与土壤浸提液电导率 $EC_{1:5}$ 的关系。在研究区监测土壤盐分时，可以结合本书针对各层土壤建立的回归方程,通过测定土水比 1:5 的浸提液电导率快速确定土壤全盐含量。

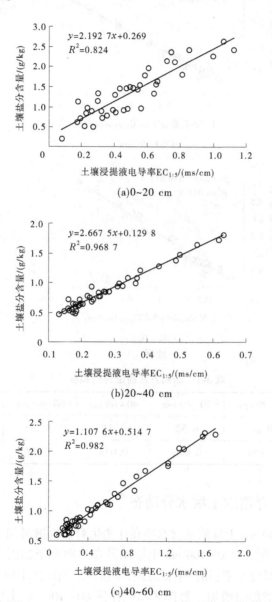

图 3-1　各层土壤全盐量与土壤浸提液电导率的相关关系

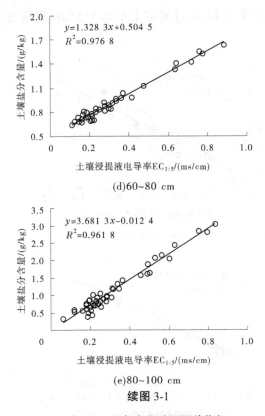

(d)60~80 cm

(e)80~100 cm

续图 3-1

表 3-1　回归方程验证评价指标

评价指标	0~20 cm	20~40 cm	40~60 cm	60~80 cm	80~100 cm
MRE/%	9.26	6.52	7.11	8.24	7.78
RMSE	0.084	0.026	0.033	0.057	0.041

3.1.2　作物生育期内土壤水分动态

研究区 0~100 cm 土壤质量含水率在作物生育期内随时间变化见图 3-2。在作物生育期内,稻作区 0~100 cm 土壤质量含水率高于相同时期套作区相同土层的土壤质量含水率;相同生育时期,套作区或稻作区土壤的质量含水率随着土层深度的增加而增加。套作区和稻作区 60~100 cm 土层质量含水率在作物生育期内变化规律基本一致,均在 5 月中旬上升至 0.30,在 8 月下旬至 10 月中旬缓慢下降。

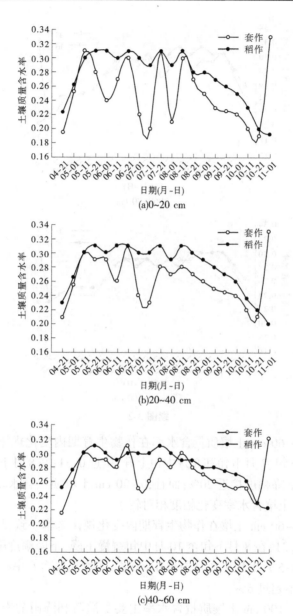

图 3-2　作物生育期内各层土壤质量含水率动态

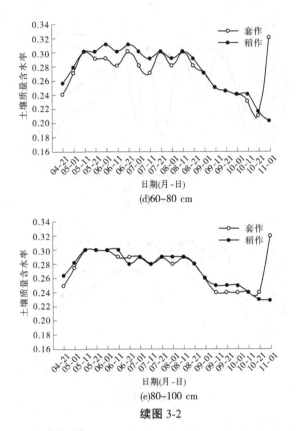

(d)60~80 cm

(e)80~100 cm

续图 3-2

　　套作区 0~60 cm 土壤质量含水率在作物生育期内变化规律一致,均在 5 月中旬、6 月下旬、7 月下旬和 8 月中旬上升,接近 0.31;在 8 月下旬至 10 月中旬缓慢下降,下降幅度接近 20%;而且,0~20 cm 土壤质量含水率变化幅度最大,40~60 cm 土壤含水率变化幅度相对较小。

　　稻作区 0~60 cm 土壤在作物生育期内变化规律基本一致,均在 5 月中旬急剧上升至 0.31,在 8 月下旬至 10 月中旬缓慢下降,下降幅度随着土层深度的增加而减小;5 月下旬至 8 月中旬 0~60 cm 土壤质量含水率在 0.31 上下波动,波动幅度不超过 6%。

　　研究区 0~100 cm 土壤质量含水率主要受灌溉和降雨的影响,每年 5 月中旬,研究区引入大定额黄河水进行春灌,各层土壤含水率因此急剧增加;在 6 月下旬、7 月下旬、8 月中旬,随着套作区引黄河水进行灌溉,0~60 cm 土壤质量含水率升高。由于稻作区自播种后即进行高频率地面灌溉,各层土壤质量含水率基本维持在 0.29~0.31。相同时期,土壤质量含水率随着土层深度的增加而增大,且深层土壤质量含水率变化相对于表层土壤滞后。研究区自8月下旬停止灌溉,因此0~100 cm土壤质量含水率在8月下旬至10月中旬均缓慢下降。

3.1.3　作物生育期内土壤盐分动态

套作区和稻作区0~100 cm土壤含盐量在作物生育期内随时间变化见图3-3。从图3-3中可以看出,5月中旬至10月上旬,套作区和稻作区各层土壤含盐量均在0.8~3.0 g/kg;在5月中旬至10月下旬,套作区土壤含盐量均高于稻作区对应土层含盐量;套作区和稻作区各层土壤含盐量均在5月中旬下降,且表层40 cm土壤含盐量下降幅度相对40~100 cm更大。

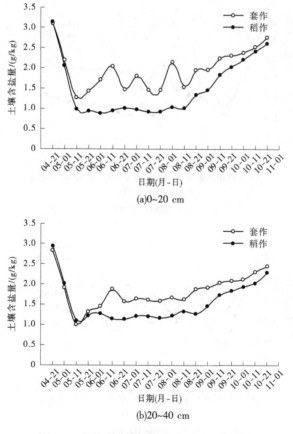

(a)0~20 cm

(b)20~40 cm

图3-3　作物生育期内各层土壤含盐量动态

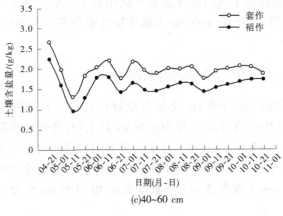

(c)40~60 cm

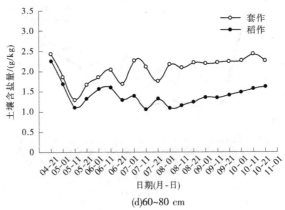

(d)60~80 cm

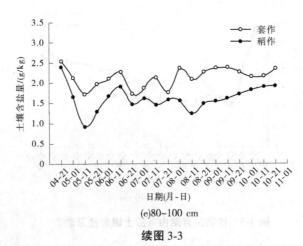

(e)80~100 cm

续图 3-3

套作区表层 20 cm 土壤含盐量在 5 月中旬、6 月下旬、7 月下旬和 8 月中旬下降;相对于 20~100 cm 土层,套作区表层 20 cm 土壤含盐量变化幅度最大。

在 5 月中旬至 8 月中旬,稻作区 0~20 cm 和 20~40 cm 土壤含盐量分别在 1.0 g/kg 和 1.1 g/kg 上下小幅度波动;稻作区各层土壤含盐量自 8 月中旬开始升高,且表层 20 cm 相对 40~100 cm 的土壤含盐量升高速率更大;稻作区 0~40 cm 土壤含盐量在 4 月下旬至 10 月下旬可分为 3 个阶段,4 月下旬至 5 月中旬为急剧下降阶段,5 月下旬至 8 月上旬为平稳阶段,8 月中旬至 10 月下旬为上升阶段。

研究区每年 5 月中旬开展春灌,春灌期间表层土壤盐分得到淋洗,因此 0~100 cm 土壤盐分含量显著下降;自 8 月下旬停止灌溉后,在表土蒸发作用的影响下,深层土壤盐分随土壤水分在毛细力的作用下向表层运动,表层土壤积盐。为了维持研究区土壤的可持续利用,降低耕作层土壤盐分含量,需要在作物生育期内采取一系列生物、化学措施,在作物非生育期引黄河水进行地面灌溉淋盐。

3.1.4　耕作层土壤含水率及含盐量阈值

作者针对小麦、玉米和水稻种植下对应的耕作层土壤含水率和含盐量阈值开展了大量研究,本书在对相关研究成果对比分析的基础上确定了研究区耕作层的土壤水盐阈值。

玉米植株在抽雄-灌浆期的缺水敏感系数较大[41-42],刘学军等[41]在宁夏南部的雨养农业区开展田间监测试验,发现玉米植株在抽雄-灌浆期的缺水敏感系数较大,综合考虑玉米生育期内的灌溉制度、玉米产量及水分利用效率,推荐在玉米播种期、苗期-拔节期、拔节-抽雄期、抽雄-灌浆期的适宜土壤含水率分别为田间持水量的 80%、55%、85%、80%;白向厉等[43]通过开展玉米不同生育期水分胁迫对产量及生长的影响试验研究,推荐玉米播种期、苗期-拔节期、拔节-抽雄期、抽雄-灌浆期的土壤含水率阈值分别为 8.5%~15%、15%~30%、20%~30%、20%~25%。王宝英等[44]研究认为小麦返青以前和返青以后的土壤含水率宜分别维持在田间持水量的 75% 和 65%,在小麦拔节-抽穗期及抽穗-成熟期对应土壤含水率宜分别维持在 70% 及 60%~65%。李春正等[45]研究认为小麦在苗期-分蘖期、返青期、拔节-抽穗期、灌浆期对应的土壤含水率阈值分别为 18%~20%、17%~19%、20%~22%、18%~19%。马金慧[46]、杨树青[47]考虑不同土壤质地的凋萎含水率及参考历史经验值,提出内蒙古河套引黄灌区作物种植期、苗期–拔节期、拔节–抽雄期、抽雄–灌浆期的土壤含水率阈值分别为 10%~15%、15%~20%、18%~25%、18%~25%。王洁[48]在淮阴区展开研究,认为沙壤土对应水稻生育前期、中期、后期的适宜土壤含水率分别为 18.03%、15.78%、18.17%;陈玉民[49]研究认为,水稻生育期内适宜土壤水分上限为对应土壤的饱和含水率,土壤水分下限为对应土壤饱和含水率的 60%~70%。

童文杰等[50]研究认为,河套灌区玉米的耐盐指数为 6.583,小麦的耐盐指数为 10.465;谭伯勋[51]研究认为,玉米苗期表层 10 cm 土壤的全盐含量宜低于 17.278 g/kg,10~20 cm 土壤的全盐含量宜低于 9.795 g/kg,小麦表层 10 cm 土壤的全盐含量宜低于 13.692 g/kg,10~20 cm 土壤的全盐含量宜低于 9.894 g/kg;Maas 等[52]提出玉米的耐盐度为 1.7 dS/m,小麦的耐盐度为 6 dS/m;方生等[53]研究提出玉米苗期土壤盐分阈值为 2~2.5 g/kg,玉米生长期土壤盐分阈值为 2.5~3.5 g/kg,小麦苗期土壤盐分阈值为 2.2~3 g/kg,小麦生长期土壤盐分阈值为 3~4 g/kg。杨树青[47]结合 Visual MODFLOW 和 SWAP 模型预测内蒙古河套灌区小麦的耐盐度为 4.5 g/L,玉米的耐盐度为 3 g/L。马金慧[46]结合相关研究成果和盆栽试验结果,提出玉米种植期、苗期–拔节期、拔节–抽雄期、抽雄–灌浆期对应的土壤含盐量临界值分别为 0.5 mS/cm、0.8 mS/cm、1.5 mS/cm、1.7 mS/cm。Maria 等[54]研究指出,苗期和生殖生长时期是水稻对土壤盐分最敏感时期;Zeng 等[55]研究表明,当土壤盐浓度小于或等于 1 g/kg 时,水稻(品种为"m202")产量无显著差异;朱明霞等[56]研究表明,水稻(品种为"长白 9 号")对应的土壤盐分浓度阈值为 2.2 g/kg;王相平等[57]研究表明,江苏沿海滩涂表层土壤(0~40 cm 土层)含盐量低于 3 g/kg 即可种植水稻。水稻的耐盐性通常与水稻品种有关,据调研,研究区主要种植水稻品种为"宁粳 48 号",贺奇等[58]研究表明,"宁粳 48 号"水稻种萌发耐 NaCl 的临界浓度为 150 mmol/L。

综合相关研究成果及历史经验值,本书确定宁夏引黄灌区的玉米在播种期、苗期–拔节期、拔节–抽雄期、抽雄–灌浆期的土壤含水率控制阈值分别为田间持水量的 80%、60%、85%、85%;小麦播种–苗期、分蘖期、返青期、拔节–抽穗期、抽穗–开花期、建籽期、成粒期的耕作层土壤含水率控制阈值分别为田间持水量的 75%、75%、70%、75%、85%、75%、65%;水稻生育期耕作层土壤适宜含水率为土壤饱和含水率的 70%~100%。套作区 5 月玉米种植期、苗期–拔节期、拔节–抽雄期、抽雄–灌浆期对应的耕作层土壤盐分控制阈值分别为 1.2 g/kg、1.5 g/kg、2 g/kg、2.5 g/kg;小麦播种–苗期、分蘖期–建籽期、成粒期对应的耕作层土壤盐分控制阈值分别为 1.5 g/kg、2 g/kg、2.5 g/kg;水稻生育期内耕作层土壤盐分控制阈值为 2.5 g/kg。

3.2 地下水埋深及矿化度动态特征

3.2.1 地下水埋深动态

为了分析研究区地下水埋深随时间的动态特征,选择 XZ3 和 XZ4 观测井作为套作区地下水埋深动态分析的典型井,选择 XZ7 和 XZ8 观测井作为稻作区地下水埋深动态分析的典型井。研究区地下水埋深在 4 月中旬至 10 月下旬的变化规律见图 3-4。

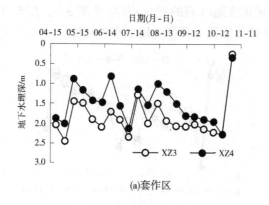

(a)套作区

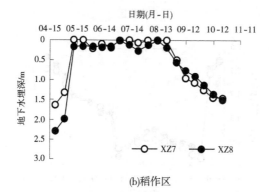

(b)稻作区

图 3-4　套作区和稻作区地下水埋深动态

由图 3-4(a)可知,套作区地下水埋深在 0~2.5 m 波动,平均埋深为 1.7 m;地下水埋深在 5 月中旬、6 月下旬、7 月下旬和 8 月中旬因渠道引黄河水灌溉而降低;8 月中旬至 10 月中旬,地下水埋深增加;10 月下旬至 11 月上旬,地下水埋深因冬灌而急剧减小,下降幅度达到 88%。

由图 3-4(b)可知,稻作区地下水埋深在 4 月下旬至 10 月下旬的动态可分为 3 个阶段:4 月下旬至 5 月中旬下降阶段,5 月下旬至 8 月中旬稳定阶段,8 月下旬至 10 月下旬上升阶段。其中,稳定阶段的地下水埋深趋近于 0。

3.2.2　地下水矿化度动态

本书以图 3-4 所示的 XZ3 和 XZ4 作为套作区地下水矿化度动态分析的典型井、XZ7 和 XZ8 作为稻作区地下水矿化度动态分析的典型井,分析作物生育期内地下水矿化度随时间的变化规律,见图 3-5。在 5 月中旬至 8 月中旬,稻作区地下水矿化度低于套作区地下水矿化度。

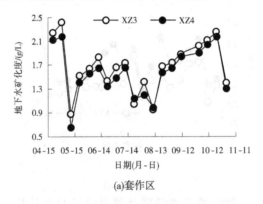

(a)套作区

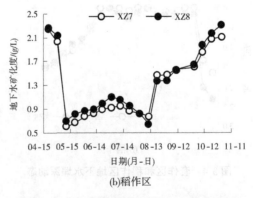

(b)稻作区

图 3-5　套作区和稻作区地下水矿化度动态

从图 3-5(a)可以看出,套作区地下水矿化度在 5 月中旬急剧降低,在 6 月中旬、7 月下旬和 8 月上旬均大幅下降;8 月下旬至 10 月中旬地下水矿化度逐渐增加,上升幅度接近 135%;10 月下旬至 11 月中旬,地下水矿化度再次急剧下降。

从图 3-5(b)可以看出,稻作区地下水矿化度在 5 月中旬至 7 月中旬逐渐上升,上升幅度达 52.4%;在 7 月中旬至 8 月中旬下降;在 8 月下旬至 11 月上旬缓慢上升,上升幅度达 60%。

宁夏地区的黄河水矿化度(平均值为 0.505 g/L)小于当地浅层地下水矿化度,地下水受渠灌入渗补给后,盐分浓度得到稀释,对应矿化度降低。稻作区相对套作区在 5 月中旬至 8 月中旬引水渠灌的灌溉频率高、灌溉定额大,因此盐分浓度相对较低。由于研究区自 8 月下旬停止引水灌溉,受潜水蒸发等因素的影响,地下水矿化度升高。

3.2.3 地下水埋深及矿化度阈值

1930 年苏联土壤学家帕雷诺夫提出了地下水临界埋深的概念,当地下水埋深小于临界埋深时,在无降水或灌溉的条件下,地下水在毛细力的作用下到达表层土壤,表层土壤水分蒸发进入大气而盐分聚集,逐步形成盐碱化土壤。作物生育期内地下水埋深调控主要是为了促进地下水补给耕作层土壤水,同时防止表层土壤次生盐碱化;在作物非生育期内地下水埋深调控主要是为了防止潜水蒸发导致土壤进一步盐碱化,同时防止研究区地下水埋深过低导致植被退化、土壤荒漠化。王楠等[59]针对宁夏银北引黄灌区井渠结合灌溉展开研究,提出沙壤土对应的地下水临界埋深为 2~2.5 m,作物生长季节的地下水临界埋深为 1.5~1.9 m;余美等[60]研究认为宁夏银北引黄灌区在 3~4 月地下水适宜埋深为 2~2.4 m,5~9 月中旬的地下水适宜埋深为 1.2~1.5 m,9 月下旬至 10 月中旬地下水适宜埋深为 2~2.4 m,10 月下旬至次年 2 月的地下水适宜控制埋深为 1.3~1.7 m。根据相关试验结果,灌区的潜水蒸发临界埋深为 3 m;根据《银北灌区土壤盐渍化调查与土壤改良项目报告》(宁夏水利科学研究院,2005),研究区灌前地下水埋深大于 2.4 m 不会产生土壤盐渍化。

通常将矿化度介于 2~5 g/L 的含盐水定义为微咸水[61-62],国内外学者针对微咸水灌溉的盐分含量阈值标准及微咸水灌溉对作物生长及产量的影响展开了大量研究。结果表明,在适宜的排水条件下,微咸水可以用于农田补充灌溉,缓解淡水资源短缺的危机,促进地下水更新[63]。Kang 等[64]通过开展微咸水灌溉玉米田间试验,发现当灌溉水盐分浓度低于 10.9 dS/m 时对玉米出苗没有显著影响;Wang 等[65]研究表明,微咸水灌溉浓度低于 3 g/L 不会对玉米籽粒产量产生显著影响;Cucci 等[66]在意大利南部开展为期 4 年的微咸水轮灌试验研究,发现微咸水轮灌相对于淡水灌溉提高玉米籽粒蛋白含量达6.9%,玉米籽粒的水分含量降低了 9.3%。Li 等[67]通过开展不同盐分浓度的微咸水灌溉玉米田间试验,推荐在河套灌区淡水资源不足时开采利用矿化度不高于 3 g/L 的地下水灌溉玉米。Wang 等[68]通过开展田间试验研究发现,相对于淡水灌溉,短期微咸水灌溉的盐分浓度低于 3 g/L 造成的冬小麦减产不超过 10%,但长期微咸水灌溉会导致小麦产量显著降低;康金虎[69]在宁夏石嘴山市惠农区开展微咸水灌溉小麦试验研究,结果表明应用 3 g/L 的微咸水灌溉对小麦产量影响不显著。王相平等[70]在苏北滩涂开展水稻微咸水灌溉试验研究,采用矿化度 1.5 g/L 的灌溉水足量灌溉可以获得较高的产量和水分利用效率;张蛟等[71]在江苏沿海滩涂开展微咸水灌溉水稻试验,发现采用 1.3~1.7 g/L 灌溉水灌溉水稻不会造成作物产量显著降低;赵鹏等[72]研究认为,在水稻孕穗期及乳熟期采用矿化度不高于 4 g/L 的微咸水灌溉对水稻产量影响仅 9.2%;水稻在芽期、营养生长期和成熟期较耐盐,而在幼苗期、授粉期对盐分很敏感[73]。

综合相关研究成果,本书确定宁夏银北引黄灌区作物非生育期内,套作区地下水埋深临界值为 2.5~4 m,作物生育期内,套作区地下水埋深临界值为1.5~2.0 m。玉米在种植-拔节期、拔节-抽雄期、抽雄-成熟期的灌溉水矿化度阈值分别为 1 g/L、2 g/L、3 g/L;小麦在种植-开花期、开花-成粒期的灌溉水矿化度阈值分别为 2 g/L 和 3 g/L;水稻在播种-灌浆期、灌浆-成熟期的灌溉水矿化度阈值分别为 1.5 g/L 和 2 g/L。

3.3　土壤水盐与地下水盐相关关系

针对套作区 9 个采样点和稻作区 12 个采样点的 0~20 cm 及 20~40 cm的土壤含水率、土壤盐分、地下水埋深和地下水矿化度监测数据开展相关性分析,统计套作区 162 组样本、稻作区 216 组样本,同时采用 Pearson、Kendall 和Spearman 相关性分析方法进行分析,结果见表 3-2~表 3-4。

表 3-2　土壤含盐量与对应土壤含水率相关性

种植模式	土层深度/cm	Pearson 相关性分析			Kendall 相关性分析		Spearman 相关性分析	
		Pearson 相关系数	双尾显著性	协方差	Kendall 相关系数	双尾显著性	Spearman 相关系数	双尾显著性
套作	0~20	0.938**	0	0.009	0.825**	0	0.943**	0
	20~40	0.937**	0	0.018	0.799**	0	0.934**	0
	40~60	0.370	0.001	0.020	0.282	0.001	0.392	0.001
	60~80	0.256	0.030	0.019	0.245	0.004	0.337	0.004
	80~100	0.168	0.159	0.008	0.103	0.224	0.146	0.220
稻作	0~20	0.946**	0	0.014	0.818**	0	0.904**	0
	20~40	0.266	0.111	0.009	−0.038	0.759	−0.043	0.799
	40~60	−0.249	0.018	−0.016	−0.107	0.151	−0.200	0.058
	60~80	−0.170	0.110	−0.012	−0.076	0.307	−0.146	0.169
	80~100	−0.139	0.192	−0.008	−0.080	0.285	−0.132	0.217

注：**表示相关显著性水平 $P<0.01$。

表 3-3　土壤含盐量与对应地下水埋深相关性

种植模式	土层深度/cm	Pearson 相关性分析			Kendall 相关性分析		Spearman 相关性分析	
		Pearson 相关系数	双尾显著性	协方差	Kendall 相关系数	双尾显著性	Spearman 相关系数	双尾显著性
套作	0~20	−0.958**	0	−0.195	−0.859**	0	−0.965**	0
	20~40	−0.917**	0	−0.405	−0.758**	0	−0.907**	0
	40~60	−0.071	0.563	−0.072	−0.063	0.452	−0.125	0.306
	60~80	0.104	0.397	0.091	0.106	0.204	0.157	0.197
	80~100	0.058	0.637	0.051	0.054	0.514	0.097	0.427
稻作	0~20	−0.902**	0	−0.167	−0.833**	0	−0.944**	0
	20~40	−0.006	0.976	−0.001	−0.485**	0	−0.537**	0.001
	40~60	−0.403**	0	−0.261	−0.240	0.002	−0.358**	0.001
	60~80	−0.347**	0.001	−0.251	−0.179	0.018	−0.259	0.014
	80~100	0.215	0.041	0.289	0.255**	0	0.377**	0

注：**相关显著性水平 $P<0.01$。

表 3-4　土壤含盐量与对应地下水矿化度相关性

种植模式	土层深度/cm	Pearson 相关性分析			Kendall 相关性分析		Spearman 相关性分析	
		Pearson 相关系数	双尾显著性	协方差	Kendall 相关系数	双尾显著性	Spearman 相关系数	双尾显著性
套作	0~20	0.147	0.236	0.081	0.071	0.409	0.108	0.384
	20~40	0.196	0.106	0.294	-0.022	0.791	-0.048	0.694
	40~60	0.138	0.246	0.208	0.097	0.233	0.136	0.256
	60~80	0.259	0.031	0.421	0.249	0.003	0.349	0.003
	80~100	0.399	0.001	0.561	0.253	0.002	0.395	0.001
稻作	0~20	-0.245	0.157	-0.130	-0.289	0.018	-0.410	0.014
	20~40	-0.214	0.218	-0.091	-0.222	0.072	-0.308	0.072
	40~60	0.191	0.071	0.233	0.238	0.001	0.323	0.002
	60~80	0.221	0.036	0.301	0.246	0.001	0.351	0.001
	80~100	0.215	0.041	0.289	0.255	0	0.377	0

注：＊＊相关显著性水平 $P < 0.01$。

从表 3-2~表 3-4 中可以看出，套作区表层 0~20 cm 及 20~40 cm 土壤盐分含量与对应土壤含水率及地下水埋深相关，与地下水矿化度无明显相关关系；套作区 40~100 cm 土壤盐分含量与对应土壤含水率、地下水埋深及地下水矿化度无明显相关关系。

稻作区 0~20 cm 土壤盐分含量与对应土壤含水率及地下水埋深显著相关，与地下水矿化度无明显相关关系；稻作区 20~100 cm 土壤盐分含量与对应土壤含水率、地下水埋深及地下水矿化度无明显相关关系。

根据上述相关性分析结果，针对套作区和稻作区 0~20 cm 及 20~40 cm 的土壤含盐量与土壤质量含水率进行回归分析，结果见图 3-6，套作区和稻作区 0~20 cm 及 20~40 cm 的土壤含盐量与地下水埋深回归分析结果见图 3-7。

由图 3-6 可以看出，在套作区 0~20 cm、套作区 20~40 cm、稻作区 0~20 cm，当土壤含盐量在 1~3 g/kg 范围内时，土壤含盐量随土壤质量含水率的增加而增加，且与对应的土壤质量含水率均呈"乘幂函数"关系，R^2 分别达到 0.859 9、0.887 9、0.913 1。由图 3-7 可知，当地下水埋深在 0~2 m 时，套作区 0~20 cm、套作区 20~40 cm、稻作区 0~20 cm 土壤盐分随地下水埋深的增加而减小，且与对应地下水埋深呈"指数函数"关系，R^2 分别达到 0.883 4、

0.904 3、0.845 3。本书研究结果与陈玉春等[74]、陆阳等[6]研究结果相近。

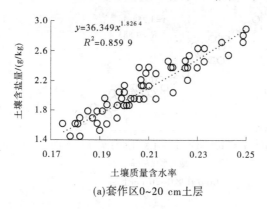

(a)套作区0~20 cm土层

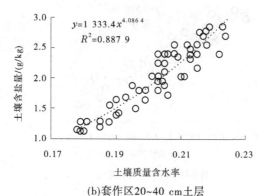

(b)套作区20~40 cm土层

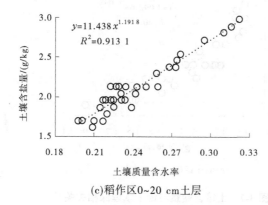

(c)稻作区0~20 cm土层

图3-6　土壤含盐量与土壤质量含水率相关关系

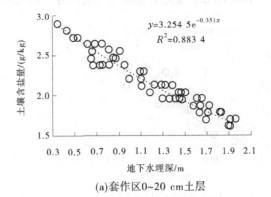

(a)套作区0~20 cm土层

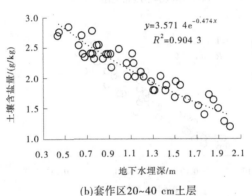

(b)套作区20~40 cm土层

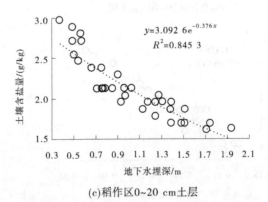

(c)稻作区0~20 cm土层

图 3-7　土壤含盐量与地下水埋深相关关系

陈玉春等[74]研究发现,青铜峡灌区土壤含盐量与地下水埋深呈"对数函数"关系,得到经验关系式如下:

$$y = -0.152\ln x + 0.2768 \tag{3-1}$$

式中:y 为土壤含盐量,%;x 为地下水埋深,m。

宁夏水利科学研究院陆阳等[6]在宁夏平罗县引黄灌区通过试验研究得到土壤含盐量与地下水埋深呈"对数函数"关系,土壤含盐量与地下水矿化度呈"线型"关系,得到经验关系式如下:

$$y = -0.1412\ln x + 0.2685 \tag{3-2}$$

$$y = 4.9209z - 4.9373 \tag{3-3}$$

式中:y 为土壤含盐量,g/kg;x 为地下水埋深,m;z 为地下水矿化度,g/L。

以上关于土壤盐分含量与土壤质量含水率、地下水埋深、地下水矿化度的函数关系均属于根据实际试验数据拟合的经验关系,具体的物理或化学理论意义有待进一步深入研究。

3.4　水盐均衡模型

区域水盐均衡分析既是应用数值模型模拟水盐运移规律的前提,也是合理规划灌溉和排水模式的基础。由于研究区饱和带和非饱和带之间的水盐运移转化关系密切,本书在深入分析研究区水盐运移转化关系的基础上,将非饱和带和饱和带视为整体分别构建了水均衡模型和盐分均衡模型,可为宁夏银北引黄灌区的水盐均衡分析提供参考。

3.4.1　水均衡模型

研究区降水稀少,蒸发强烈,农业生产用水主要依赖于灌溉,其水循环系统属于典型的自然-人工复合水循环系统,大气水、地表水、土壤水和地下水之间发生着复杂的水分转化关系。大气降水和灌溉水源通过入渗的方式补给非饱和带土壤水、非饱和带土壤水通过渗透的方式再补给地下水;当地下水位高于研究区潜水蒸发临界水位时,地下水可在毛细力的作用下补给非饱和带土壤水,非饱和带土壤水在蒸发蒸腾作用下进入大气。在灌溉水量较大的条件下,渠灌可能形成地表径流汇入排水沟。此外,当地下水位高于排水沟水位时部分地下水会通过侧渗的方式进入排水沟。研究区的水量转化过程较复杂,具体见图3-8。

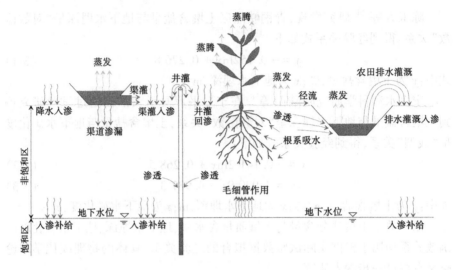

图 3-8　研究区水文循环示意图

根据图 3-8 所示的水量运移转化关系,本书建立的水量均衡模型如下:

$$\Delta W_k = W_{k,\mathrm{pr}} + W_{k,\mathrm{ir}} + W_{k,\mathrm{le}} - W_{k,\mathrm{et}} - W_{k,\mathrm{ex}} - W_{k,\mathrm{dr}} \tag{3-4}$$

式中:ΔW_k 为第 k 时段的水量均衡差,万 m^3;$W_{k,\mathrm{pr}}$、$W_{k,\mathrm{ir}}$、$W_{k,\mathrm{le}}$ 为第 k 时段降水入渗、灌溉入渗、渠道渗漏补给量,万 m^3;$W_{k,\mathrm{et}}$ 为第 k 时段蒸发蒸腾消耗量,万 m^3;$W_{k,\mathrm{ex}}$ 为第 k 时段人工开采地下水量,万 m^3;$W_{k,\mathrm{dr}}$ 为第 k 时段排水量,万 m^3;k 为计算时段,根据研究区实际引水情况将整个水文年划分为 5 个时段,$k=1,2,3,4,5$ 分别对应 4~5 月、6 月、7 月、8~9 月、10 月至次年 3 月。

3.4.1.1　降水入渗补给量

降水入渗补给量由降水入渗补给系数和有效降水量、计算域面积的乘积得到,计算公式如下:

$$W_{k,\mathrm{pr}} = \varphi_k P_{k,\mathrm{ef}} F \times 10^{-7} \tag{3-5}$$

式中:$W_{k,\mathrm{pr}}$ 为第 k 时段的降水入渗补给量,万 m^3;φ_k 为第 k 时段降水入渗补给系数;$P_{k,\mathrm{ef}}$ 为第 k 时段有效降水量,mm;F 为计算域面积,套作区面积 $2.164 \times 10^7\ \mathrm{m}^2$,稻作区面积 $5.481 \times 10^7\ \mathrm{m}^2$。

3.4.1.2　灌溉入渗补给量

研究区可能的灌溉入渗补给量包括渠灌入渗补给量、井灌入渗补给量和排水灌溉入渗补给量,具体计算公式如下:

$$W_{k,\mathrm{ir}} = \tau_{k,\mathrm{ir,ca}} W_{k,\mathrm{ca}} + \tau_{k,\mathrm{ir,we}} W_{k,\mathrm{we}} + \tau_{k,\mathrm{ir,dr}} W_{k,\mathrm{dr}} \tag{3-6}$$

$$W_{k,\mathrm{ca}} = \eta W_{k,\mathrm{ca,sp}} \tag{3-7}$$

式中:$W_{k,\mathrm{ir}}$为第k时段的灌溉入渗补给量,万 m^3;$W_{k,\mathrm{ca}}$、$W_{k,\mathrm{we}}$、$W_{k,\mathrm{dr}}$为第k时段渠道净灌溉定额、井灌定额、排水灌溉定额,万 m^3;$\tau_{k,\mathrm{ir,ca}}$、$\tau_{k,\mathrm{ir,we}}$、$\tau_{k,\mathrm{ir,dr}}$为第k时段渠道入渗补给系数、井灌回归补给系数、排水灌溉入渗补给系数;$W_{k,\mathrm{ca,sp}}$为支渠引水量,万 m^3;η为研究区支渠及以下的渠系水利用系数,参照《2017年宁夏农业灌溉用水有效利用系数测算分析成果报告》(宁夏水利科学研究院,2018)实测资料,平罗县支渠、斗渠和农渠对应的渠道水利用系数分别为0.95、0.93、0.90,得到$\eta=0.795$。

灌溉回归补给系数是表征取用当地地下水或农田排水灌溉后,灌溉水下渗补给地下水的能力,与灌溉定额、植被结构、土壤性质及灌前地下水埋深等因素有关。根据东风试验区的观测资料,灌溉回归补给系数与灌溉前的地下水埋深呈线性关系,并随着灌溉前地下水埋深的增大而减小,当灌溉前地下水埋深为0时,灌溉回归补给系数为1;当灌溉前地下水埋深为20 m时,近似认为灌溉回归补给系数为0。按以下公式可近似估计灌溉回归补给系数:

$$\tau_{k,\mathrm{ir,we}}=\tau_{k,\mathrm{ir,dr}}=1-0.05H_{k,\mathrm{bd}} \tag{3-8}$$

式中:$\tau_{k,\mathrm{ir,we}}$、$\tau_{k,\mathrm{ir,dr}}$为第k时段井灌回归补给系数、排水灌溉入渗补给系数;$H_{k,\mathrm{bd}}$为第k时段灌前地下水埋深,m。

3.4.1.3　渠道渗漏补给量

渠道渗漏补给量受渠道衬砌与否、渠道长度、渠道湿周长度、渠道行水时间等因素的影响。本书采用考斯加科夫经验公式[76]估算渠系渗漏量,方程如下:

$$W_{k,\mathrm{le}}=8.64\times10^{-8}q_{k,\mathrm{le}}Lt_k \tag{3-9}$$

式中:$W_{k,\mathrm{le}}$为第k时段的渠系渗漏补给量,万 m^3;$q_{k,\mathrm{le}}$为第k时段渠道单位长度单位时间渗漏量,$\mathrm{m}^3/(\mathrm{s}\cdot\mathrm{km})$,参考卢慧蛟[77]在银川平原的研究成果,惠农渠$q_{\mathrm{le}}$取值0.156;$L$为渠道长度,km;$t_k$为第$k$时段渠道行水时间,d;

3.4.1.4　蒸发蒸腾量

农田土壤蒸发和作物蒸腾是研究区水分耗散的主要途径。本书参照联合国粮食农业组织(FAO)推荐的 Penman-Monteith 方法[78]计算参考作物蒸发蒸腾量,结合作物系数法和土壤蒸发系数法分别计算作物蒸发蒸腾量和土壤蒸发量。

$$W_{k,\mathrm{et}}=\mathrm{ET}_{k,\mathrm{p}}+E_{k,\mathrm{c}} \tag{3-10}$$

$$\mathrm{ET}_{k,\mathrm{p}}=K_{k,\mathrm{c}}\mathrm{ET}_{k,0}FT_k\times10^{-7} \tag{3-11}$$

$$E_{k,\mathrm{c}}=K_{k,\mathrm{e}}\mathrm{ET}_{k,0}FT_k\times10^{-7} \tag{3-12}$$

式中:$ET_{k,p}$ 为第 k 时段作物腾发量,万 m^3;$K_{k,c}$ 为第 k 时段作物系数;$ET_{k,0}$ 为第 k 时段参考作物每日蒸发蒸腾量,mm/d。$E_{k,c}$ 为第 k 时段土壤蒸发量,万 m^3;$K_{k,e}$ 为第 k 时段土壤蒸发系数;F 为计算域面积,m^2;T_k 为第 k 时段持续时间,d。

1. 参考作物蒸发蒸腾量

以日为时间计算单元,结合 Penman-Monteith 方法[78]的参考作物蒸发蒸腾量计算公式如下:

$$ET_0 = \frac{0.408\Delta(R_n - G) + \gamma \dfrac{900}{T + 273}u_2(e_s - e_a)}{\Delta + \gamma(1 + 0.34u_2)} \quad (3-13)$$

式中:ET_0 为参考作物潜在蒸发蒸腾量,mm/d;R_n 为作物冠层表面的净辐射,$MJ/(m^2 \cdot d)$;G 为土壤热通量,$MJ/(m^2 \cdot d)$;γ 为湿度计常数,$kPa/℃$;T 为 2 m 高度处的日平均气温,℃;u_2 为 2 m 高度处的日平均风速,m/s;e_s 为饱和水汽压,kPa;e_a 为实际水汽压,kPa;$e_s - e_a$ 为饱和水汽压差,kPa;Δ 为饱和水汽压与温度曲线的斜率,即水汽压曲线斜率,$kPa/℃$。

2. 作物系数

由于作物系数受土壤、气候、作物生长状况和管理方式等多种因素的影响。本书根据 FAO56 推荐的套种模式下 2 种作物的综合作物系数($k_{c,field}$)公式计算小麦套玉米不同生育阶段的作物系数 $K_{c,bt}$,采用分段单值平均法计算水稻不同生育阶段的作物系数 $K_{c,bd}$。

研究区小麦、玉米、水稻均为一年生粮食作物,根据作物不同时间段的生长发育特征可将作物生育期划分为初始生长期、快速发育期、生育中期和成熟期。

(1)初始生长期:作物出苗后的早期生长时段,作物地面覆盖率小于 10%,定义此时段作物系数为 $K_{c,ini}$。

(2)快速发育期:作物地面覆盖率由 10% 增加到 80% 的时段,此时段作物系数由 $K_{c,ini}$ 提高到 $K_{c,mid}$。

(3)生育中期:快速发育期结束至成熟期开始的时段,此时段作物叶片开始衰老,此阶段内作物系数为 $K_{c,mid}$。

(4)成熟期:生育中期结束至收获的时段,此时段作物系数由 $K_{c,mid}$ 下降到 $K_{c,end}$。

根据研究区的水热条件和作物的生物学特性,将小麦播种-分蘖期定义为初始生长期、分蘖-孕穗期定义为快速发育期,孕穗-花期定义为生育中期,乳熟-完熟期定义为成熟期;玉米播种-出苗期定义为初始生长期,出苗-抽雄期定义为快速发育期,灌浆期定义为生育中期,乳熟期定义为成熟期;水稻播种-出苗期定义为初始生长期、出苗-分蘖期定义为快速发育期,拔节-齐穗期定义为生育中期,完熟期定义为成熟期。

FAO56 给出了标准条件下(空气湿度45%,风速 2 m/s,供水条件充足,管理良好,生长正常,大面积高产的作物条件)春小麦、玉米和水稻在不同生长阶段的基础作物系数($K_{c,ini(tab)}$ 、$K_{c,mid(tab)}$ 、$K_{c,end(tab)}$),具体见表 3-5。

表 3-5　标准条件下作物不同生长阶段的基础作物系数

作物	初始生长期	生育中期	成熟期
小麦	0.30	1.15	0.40
玉米	0.15	1.15	0.50
水稻	1.05	1.20	0.90

由于 FAO56 推荐的作物系数参考值主要是针对半湿润气候条件下的平均值[79],由于研究区的实际土壤、气候和作物种植情况与标准条件存在差异,本书结合研究区实际环境状况对 FAO56 推荐的作物系数参考值进行修订。在作物初始生长期,土面蒸发量占总腾发量比例较大,综合考虑土壤结构及降水的平均间隔,$K_{c,ini}$ 修订公式如下:

$t_w > t_1$ 时

$$K_{c,ini} = \frac{TEW - (TEW - REW)\exp\left[\dfrac{-(t_w - t_1) \times E_{SO} \times \left(1 + \dfrac{REW}{TEW - REW}\right)}{TEW}\right]}{t_w \times ET_0}$$

$$(3-14)$$

$t_w \leqslant t_1$ 时

$$K_{c,ini} = \frac{E_{SO}}{ET_0} \qquad (3-15)$$

$$t_1 = \frac{REW}{E_{SO}} \qquad (3-16)$$

式中:E_{SO} 为潜在蒸发率,mm/d;t_w 为灌溉或降雨的平均间隔天数,d;t_1 为大气蒸发力控制阶段的天数或第一阶段蒸发所需时间,d;ET_0 为初期参考作物蒸发蒸腾量的平均值,mm/d;REW 为在大气蒸发力控制阶段蒸发的水量,

mm;TEW 为次降水或灌溉后蒸发的水量,mm。

$$REW = \begin{cases} 20 - 0.15S_a & S_a \geqslant 80\% \\ 11 - 0.16CL & CL \geqslant 50\% \\ 8 - 0.08CL & S_a < 80\% \text{ 且 } CL < 50\% \end{cases} \tag{3-17}$$

$$TEW = \begin{cases} Z_e(\theta_{FC} - 0.5\theta_{WP}) & ET_0 \geqslant 5 \\ Z_e(\theta_{FC} - 0.5\theta_{WP})\left(\dfrac{ET_0}{5}\right)^{\frac{1}{2}} & ET_0 < 5 \end{cases} \tag{3-18}$$

式中:S_a 为蒸发层土壤中沙粒百分含量;CL 为蒸发层土壤中黏粒百分含量;Z_e 为表土蒸发层深度,取值 200 mm;θ_{FC} 为蒸发层土壤的田间持水量,cm^3/cm^3;θ_{WP} 为蒸发层土壤凋萎含水率,cm^3/cm^3。根据研究区的土壤性质,得到 REW 为 20 mm,TEW 为 8 mm。

结合研究区作物特性,$K_{c,mid}$ 和 $K_{c,end}$ 修订公式如下:

$$K_{c,mid} = K_{c,mid(tab)} + \left[0.04 \times (u_2 - 2) - 0.04 \times (RH_{min} - 45) \times \left(\frac{h}{3}\right)^{0.3} \right] \tag{3-19}$$

$$K_{c,end} = K_{c,end(tab)} + \left[0.04 \times (u_2 - 2) - 0.04 \times (RH_{min} - 45) \times \left(\frac{h}{3}\right)^{0.3} \right] \tag{3-20}$$

式中:$K_{c,mid(tab)}$ 为标准条件下生育中期作物系数;$K_{c,end(tab)}$ 为标准条件下成熟期作物系数;$K_{c,mid}$ 为修订的生育中期作物系数;$K_{c,end}$ 为修订的成熟期作物系数;RH_{min} 为生育阶段内日最低相对湿度的平均值,%;h 为作物平均高度,m;u_2 为 2 m 高度处的日平均风速,m/s。

修订后的小麦、玉米和水稻各生长阶段作物系数见表 3-6。

表 3-6 修订后作物主要生长阶段的作物系数

作物	初始生长期	快速发育期	生育中期	成熟期
小麦	0.38	0.67	1.05	0.25
玉米	0.51	0.75	1.22	0.46
水稻	1.10	1.15	1.39	0.79

研究区小麦套作玉米的综合作物系数计算公式如下:

$$K_{ci,field} = \frac{f_1 h_{1i} K_{c1i} + f_2 h_{2i} K_{c2i}}{f_1 h_{1i} + f_2 h_{2i}} \tag{3-21}$$

式中：$K_{ci,field}$ 为套作第 i 个生育阶段的综合作物系数；f_1 为套种模式下小麦种植比例，60%；f_2 为套种模式下玉米种植比例，40%；h_{1i} 为第 i 个生育阶段小麦的平均株高，m；h_{2i} 为第 i 个生育阶段玉米的平均株高，m；K_{c1i} 为第 i 个生育阶段小麦的修订作物系数；K_{c2i} 为第 i 个生育阶段玉米的修订作物系数。

计算得到研究区套作的综合作物系数见表 3-7。阶段 I 为小麦苗期和分蘖期（3 月 23 日至 4 月 20 日），玉米尚未播种，作物系数为 0.606；阶段 II 为小麦和玉米两种作物的第一个共生期（4 月 21 日至 6 月 3 日），即小麦的分蘖-孕穗期与玉米苗期的共生阶段，此阶段作物系数为 0.898；阶段 III、阶段 IV 分别为两种作物第二个共生期（6 月 4~21 日）和第三个共生期（6 月 22 日至 7 月 12 日），这两个阶段分别处于小麦的抽穗-花期和乳熟-成熟期，而此时玉米处于拔节期和大喇叭口期，此阶段玉米耗水量较大，作物系数为 1.089 和 0.616。阶段 V 和阶段 VI 分别为小麦收割后玉米抽雄-花期（7 月 13 日至 8 月 15 日）和灌浆-成熟期（8 月 16 日至 10 月 10 日），此阶段的作物系数分别为 1.345 和 0.564。

表 3-7　套作田间综合作物系数

综合作物系数	小麦独立生长期	共生期			玉米独立生长期	
	阶段 I（小麦独立生长初期）	阶段 II（小麦快速生长期—玉米生长初期）	阶段 III（小麦稳定生长期—玉米快速生长期）	阶段 IV（小麦生长末期—玉米快速生长期）	阶段 V（玉米独立生长稳定期）	阶段 VI（玉米独立生长末期）
$K_{c,field}$	0.606	0.898	1.089	0.616	1.345	0.564

结合水稻的生物特性，以修订后的水稻作物系数为依据，采用分段单值平均法得到水稻各生育阶段的作物系数见表 3-8。

表 3-8　稻作田间作物系数

时段（月-日）	05-11~24	05-25~06-10	06-11~30	07-01~20	07-21~08-05	08-06~15	08-16~09-20	09-21~10-20
K_c	0.74	1.05	1.16	1.28	1.34	1.39	1.39	0.79

3. 土壤蒸发系数

表层暴露土壤的蒸发通常可分为能量限制阶段和蒸发递减阶段,其中能量限制阶段的土壤蒸发衰减系数取值为 1.0;而蒸发递减阶段的土壤蒸发衰减系数需根据逐日的水均衡计算,土壤蒸发系数 $K_{k,e}$ 采用下式计算[78,80-82]:

$$K_{k,e} = K_{k,m} K_{k,n} \qquad (3-22)$$

$$K_{k,m} = \begin{cases} 1 & D_e \leqslant \text{REW} \\ \dfrac{\text{TEW} - D_e}{\text{TEW} - \text{REW}} & D_e > \text{REW} \end{cases} \qquad (3-23)$$

$$K_{k,n} = \min(K_{c,max} - K_{cb}, R_k K_{c,max}) \qquad (3-24)$$

$$K_{c,max} = \max\{K_{c0}, K_{cb} + 0.05\} \qquad (3-25)$$

$$K_{c0} = 1.2 + \left[0.04(u_2 - 2) - 0.004(\text{RH}_{min} - 45)\right]\left(\frac{h}{3}\right)^{0.3} \qquad (3-26)$$

式中:$K_{k,m}$ 为第 k 时段表层土壤蒸发衰减系数,与土壤含水率有关;$K_{k,n}$ 为第 k 时段表层土壤湿润状态下潜在蒸发系数;D_e 为某一计算时刻对应表层土壤已经蒸发的水量,mm;TEW 为表层土壤最大可蒸发水量,mm,可通过 FAO56 表 19[78] 获取;REW 为土壤表面容易蒸发的水量,mm,可通过 FAO56 表 19[78] 获取;$K_{c,max}$ 为降水或灌溉后作物系数的最大值;K_{cb} 为基础作物系数;u_2 为 2 m 高度处的日平均风速,m/s;RH_{min} 为最小相对湿度(%);R_k 为第 k 时段表层土壤暴露面积与湿润面积比。

土壤暴露面积与湿润面积之比 R 可按下式近似计算:

$$R = \min\{1 - R_c, R_w\} \qquad (3-27)$$

$$R_c = 1.005\left[1 - \exp(-0.6\text{LAI})\right]^{1.2} \qquad (3-28)$$

式中:R 为表层土壤暴露面积与湿润面积比;R_c 为作物覆盖土壤的有效面积比,取值范围为 0~0.99;R_w 为灌溉或降雨后的湿润土壤占总面积比,取值范围为 0.01~1;LAI 为作物叶面积指数。

3.4.1.5 排水沟排水量

明沟排水是研究区地下水排泄的主要途径,也是研究区农田排盐的主要途径。当地下水位高于排水沟底时,部分地下水通过土壤侧渗进入排水斗沟经五一支沟最后汇入第五排水沟。排水沟的排水量可按式(3-29)计算:

$$W_{k,dr} = \alpha_{dr} \mu_k F_{dr}(h_{dr} - H_{k,bd}) \qquad (3-29)$$

式中:$W_{k,dr}$ 为第 k 时段排水沟排水量,万 m³;α_{dr} 为排水沟排泄系数;μ_k 为第 k 时段土壤给水度;F_{dr} 为排水沟对应的排水面积,万 m²;h_{dr} 为排水沟的沟底距农田地表深度,m;$H_{k,bd}$ 为第 k 时段地下水埋深,m。

排水沟的排泄系数受土壤性质、地下水埋深、排水沟底深度等因素的影响,可结合非灌溉期的排水过程通过如下公式计算:

$$\alpha_{dr} = \frac{Q_{f,dr}}{\mu_f F_{dr}(h_{dr} - H_{f,bd})} \tag{3-30}$$

式中:$Q_{f,dr}$ 为研究区非灌溉期明沟排水量,万 m^3;μ_f 为非灌溉期土壤给水度;h_{dr} 为排水沟的沟底距农田地表深度,m;$H_{f,bd}$ 为非灌溉期地下水埋深,m。

给水度是表征地下水位下降单位深度对应土壤释放的水体积,反映了土壤的储水能力,可通过抽水试验确定。给水度通常随着地下水埋深的变化而变化。本书参考宁夏水利科学研究院在平罗县东风试验站抽水资料[75],得到研究区给水度的经验公式如下:

$$\mu_k = \begin{cases} 0.033\,7H_k^{1.009} & 0 < H < 1.18 \\ 0.045 & H \geqslant 1.18 \end{cases} \tag{3-31}$$

式中:μ_k 为第 k 时段土壤给水度;H_k 为第 k 时段地下水埋深,m。

3.4.2　盐分均衡模型

研究区盐分的主要外部来源为灌溉挟带的盐分及施肥挟带的盐分,盐分的主要流失途径为农田排水排盐,盐分在农田系统中的运移始终伴随着除蒸发蒸腾外的水分运移转化过程。施肥挟带的盐分可以伴随着灌溉入渗和降水入渗进入非饱和带土壤,由于施肥挟带的盐分相对土壤盐分本底值和地下水盐分本底值较小,本书忽略施肥带入盐分的影响。结合研究区水分运移转化过程中的盐分浓度,本书建立盐分平衡方程如下:

$$\Delta S_k = 10 \times (c_{k,pr}W_{k,pr} + c_{k,ir}W_{k,ir} + c_{k,le}W_{k,le} - c_{k,ex}W_{k,ex} - c_{k,dr}W_{k,dr}) \tag{3-32}$$

式中:ΔS_k 为第 k 时段的盐量均衡差,10^3 kg;$c_{k,pr}$、$c_{k,ir}$、$c_{k,le}$、$c_{k,ex}$、$c_{k,dr}$ 分别为第 k 时段降水、灌溉入渗水、渠道渗漏水、开采地下水、排水的盐分浓度,g/L。

3.5　水盐均衡分析

以研究区 2019 年 4 月至 2021 年 3 月的气象数据、地下水埋深资料、支渠引水资料、排水沟监测数据等为基础,结合构建的水分和盐分均衡模型,针对 2019~2021 年的套作区和稻作区进行水分和盐分的均衡分析,为研究区土壤水盐运移模拟提供参考。

3.5.1　水均衡分析

　　研究区现状无地下水开采应用于农田灌溉,因此人工开采地下水量及井灌回归补给量为零。此外,研究区经过多年的工程建设,支渠、斗渠、农渠均完成衬砌,渠系输水渗漏的补给量较小,因此在计算过程中忽略渠道渗漏补给量。综合各时段补给项和排泄项的计算结果,套作区和稻作区2019年4月至2021年3月的水均衡分析结果分别见表3-9和表3-10。从表3-9、表3-10中可以看出,套作区和稻作区2019年4月至2021年3月水分均处于正均衡状态;研究区4~6月水均衡差为正值,而7~9月水均衡差为负值,10月至次年3月水均衡差为正值。

表3-9　套作区水均衡计算结果　　　　　单位:万 m³

时段	补给项		排泄项		均衡差
	降水入渗量	灌溉入渗量	农田蒸发蒸腾量	农田排水量	
2019年4~5月	33.82	179.98	158.92	53.29	1.59
2019年6月	115.22	122.63	177.92	58.75	1.18
2019年7月	27.29	151.14	142.60	37.37	−1.54
2019年8~9月	44.12	170.66	158.87	57.81	−1.90
2019年10月至2020年3月	42.69	301.00	223.73	119.21	0.75
2020年4~5月	20.50	182.01	149.75	50.65	2.11
2020年6月	90.54	140.55	162.60	67.22	1.27
2020年7月	10.96	202.68	153.85	62.49	−2.70
2020年8~9月	189.70	60.18	196.95	54.71	−1.58
2020年10月至2021年3月	41.00	301.30	210.73	130.62	0.95

表 3-10　稻作区水均衡计算结果　　　　　　单位:万 m³

时段	补给项		排泄项		均衡差
	降水入渗量	灌溉入渗量	农田蒸发蒸腾量	农田排水量	
2019 年 4~5 月	87.26	1 550.37	933.34	701.47	2.82
2019 年 6 月	297.24	890.06	638.50	546.17	2.24
2019 年 7 月	70.40	1 253.96	744.10	582.24	-1.97
2019 年 8~9 月	113.83	1 197.88	756.01	563.14	-3.44
2019 年 10 月至 2020 年 3 月	110.13	0	109.73	0	0.40
2020 年 4~5 月	52.88	1 484.06	911.49	623.98	1.47
2020 年 6 月	233.57	930.76	665.99	496.68	1.66
2020 年 7 月	28.26	1 180.71	679.76	523.19	-1.98
2020 年 8~9 月	520.22	800.80	795.12	528.17	-2.27
2020 年 10 月至 2021 年 3 月	105.76	0.00	104.57	0.00	1.19

3.5.2　盐分均衡分析

根据套作区和稻作区 2019 年 4 月至 2021 年 3 月水均衡分析结果,结合渠灌水盐分浓度和监测的排水盐分浓度,进行套作区和稻作区盐分均衡计算,结果见表 3-11 和表 3-12。从表 3-11、表 3-12 中可以看出,套作区和稻作区 2019 年 4 月至 2021 年 3 月整个时间段内盐分均处于正均衡状态。套作区 4~9 月盐分均处于正均衡状态,而 10 月至次年 3 月处于负均衡状态;稻作区 4~5 月盐分处于负均衡状态,而 6~9 月盐分处于正均衡状态。这可能是由于套作区在 10 月中旬至 11 月中旬进行冬灌,而稻作区在 5 月中旬进行泡田,冬灌和泡田对应的灌溉定额较大,淋盐效果显著,土壤脱盐。

表 3-11　套作区盐分均衡计算结果　　　　　单位:t

时段	2019~2020 年			2020~2021 年		
	渠引黄河水带入	排水沟排泄	均衡差	渠引黄河水带入	排水沟排泄	均衡差
4~5 月	9.09	8.34	0.75	9.19	8.71	0.48
6 月	6.19	5.86	0.33	7.10	6.80	0.30
7 月	7.63	7.21	0.42	10.24	10.01	0.23
8~9 月	8.62	8.32	0.30	3.04	2.99	0.05
10 月至次年 3 月	15.20	16.97	-1.77	15.22	16.23	-1.01

表 3-12　稻作区盐分均衡计算结果　　　　　单位:t

时段	2019~2020 年			2020~2021 年		
	渠引黄河水带入	排水沟排泄	均衡差	渠引黄河水带入	排水沟排泄	均衡差
4~5 月	78.29	81.50	-3.21	74.94	77.98	-3.04
6 月	44.95	43.35	1.60	47.00	46.02	0.98
7 月	63.32	62.89	0.43	59.63	58.49	1.14
8~9 月	60.49	59.26	1.23	40.44	39.46	0.98
10 月至次年 3 月	0	0	0	0	0	0

3.6　小　结

　　本章以土壤水盐和地下水盐监测数据为基础,建立了研究区各层土壤全盐量与土壤浸提液电导率的转换公式,分析了作物生育期内套作区和稻作区的土壤水分、土壤盐分、地下水埋深和地下水矿化度动态特征,在对监测试验数据相关性分析的基础上建立了土壤盐分与土壤含水率及地下水埋深的回归方程,结合对相关土壤水盐和地下水盐阈值研究成果的总结提出了研究区的土壤水盐和地下水盐的阈值,在现场调研的基础上构建了水分均衡模型和盐分均衡模型,结合监测试验资料对研究区 2019 年 4 月至 2020 年 3 月及 2020 年 4 月至 2021 年 3 月的水分和盐分均衡进行了分析。主要得出以下结论:

(1)基于研究区 0~100 cm 土壤取样的盐分试验数据,建立了宁夏银北引黄灌区各层土壤的全盐量与土壤浸提液电导率的回归方程,得到表层 20 cm 土壤全盐量与土壤浸提液电导率 $EC_{1:5}$ 呈显著相关关系($R^2 = 0.824$),20~100 cm 土壤全盐量与土壤浸提液电导率 $EC_{1:5}$ 呈极显著相关关系($R^2 > 0.96$),可为研究区不同土层的土壤全盐量与电导率换算提供参考。

(2)研究区土壤水盐和地下水盐受渠道引水灌溉和潜水蒸发作用影响显著。在灌溉期,套作区土壤水盐和地下水盐随灌溉呈现波动变化;在非灌溉期,套作区和稻作区对应的表层土壤盐分和地下水埋深、地下水矿化度均增加。为了防止土壤次生盐渍化,有必要在每年 10~11 月针对套作区引黄河水进行冬灌,在每年 4~5 月针对稻作区引黄河水进行泡田,以达到淋洗表层盐分、储水保墒的目的。

(3)针对各层土壤水盐和地下水盐的监测数据进行相关性分析,得到套作区 0~40 cm 和稻作区 0~20 cm 土壤的含盐量与土壤含水率及地下水埋深相关性显著,而土壤含盐量与地下水矿化度未发现明显相关性。采用 MAT-LAB 软件进行回归分析,建立了表层土壤盐分与土壤含水率的幂函数关系,土壤盐分与地下水埋深的指数函数关系,R^2 均大于 0.85,可为研究区不同种植结构下的表层土壤盐分预测提供参考。

(4)以 2019 年 4 月至 2021 年 3 月的现场调研资料、野外监测和室内试验数据为基础,结合构建的水盐均衡模型分别对套作区和稻作区各时段进行水盐均衡分析,结果表明套作区和稻作区的水分和盐分均达到均衡状态。研究区水分在 4~6 月处于正均衡状态,而在 7~9 月处于负均衡状态。研究区盐分则在 6~9 月处于正均衡状态。

第4章　研究区不同灌溉水源适宜性评价

　　在作物生育期内不同时段针对研究区开展不同灌溉水源适宜性评价，是科学合理地利用渠引黄河水、浅层地下水和农田排水等灌溉水资源的前提，对充分挖掘研究区水资源利用潜力、减轻农业用水供需矛盾、提高水资源利用效率具有重要意义。目前，针对灌溉水源适宜性的研究主要集中在《农田灌溉水质标准》（GB 5084—2021）中相关因素的探讨，然而除灌溉水质影响灌溉水源适宜性外，作物、土壤、气象、水文、灌排工程、水资源状况等因素也对灌溉适宜性具有重要影响。因此，本章结合研究区气象、土壤等特性构建了灌溉水适宜性评价指标体系，将灌溉水的适宜性程度划分为Ⅰ～Ⅴ级，针对传统的模糊综合评价法进行改进后，对不同灌溉水源在4～9月的灌溉适宜性进行了评价；通过对套作区和稻作区不同水文年的灌溉需水量进行分析，参照研究区的宁夏农业用水定额标准和现状渠引黄河水量，提出了研究区的节水潜力。

4.1　不同灌溉水源适宜性评价指标体系的构建

　　学者针对灌溉水适宜性展开了大量研究，Rhoades 等[83]于1976年首次提出了微咸水灌溉适宜性的概念；Hamdy[84]于2002年构建了微咸水灌溉适宜性的评价指标体系，并推荐了部分适宜性评价指标的标准值；王少丽等[85-86]在深入调研的基础上，筛选确定了土壤特性、水文、气象、灌溉水质、作物特性和灌排措施5个准则层及一系列具体指标，构建了相对完整的农田排水灌溉适宜性评价指标体系，采用模糊识别的方法建立了农田排水再利用适宜性评价模型。本书在王少丽等[85-86]构建的指标体系的基础上进行改进，在准则层增加了灌溉水资源准则，在指标层增加了土壤碱化度、土壤饱和导水率、灌溉水源可供应量、灌溉水供应及时程度、提水能耗费、灌溉水温等指标，具体见图4-1。

　　本书参照王少丽等[85]和刘福汉[87]的研究成果，结合研究区实际情况，通过查阅相关文献，对比《农田灌溉水质标准》（GB 5084—2021）、《地下水质量标

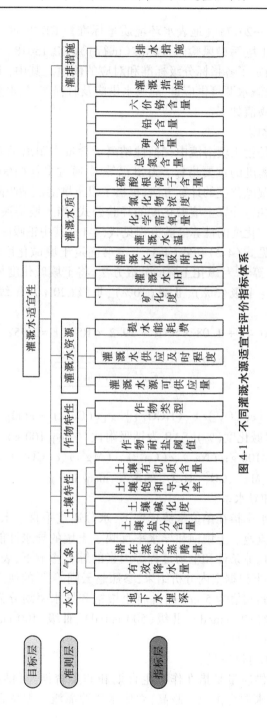

图 4-1　不同灌溉水源适宜性评价指标体系

准》(GB/T 14848—2017)、《地表水环境质量标准》(GB 3838—2002)、《土壤环境质量农用地土壤污染风险管控标准(试行)》(GB 15618—2018)等,咨询相关专家,依次确定了各指标分级标准和对应的阈值。其中,土壤碱化度、土壤饱和导水率、灌溉水源可供应量、灌溉水供应及时程度、提水能耗费、灌溉水温的分级标准及阈值如下:

(1)土壤碱化度。

土壤碱化度是指土壤溶液中交换性钠离子含量占阳离子交换量的比值,是表征土壤碱化程度的重要指标。万洪福等[88]通过采样(100 个)分析探讨了黄淮海平原土壤碱化度的计算方法,提出了以土壤溶液钠吸附比(SAR)、残余碳酸钠含量(RSC)计算土壤碱化度的经验公式,当土壤溶液按土水质量比1:1配制时,土壤碱化度的计算经验方程见式(4-1),其中钠吸附比及残余碳酸钠含量计算分别见式(4-2)和式(4-3)。本书确定土壤碱化度的控制阈值为50%,参照杨道平等[89]对碱化土壤的分级方法,将土壤碱化度划分为 5 级,对应级别标准值为:Ⅰ级(5%)、Ⅱ级(10%)、Ⅲ级(20%)、Ⅳ级(30%)、Ⅴ级(40%)。

$$ESP = 0.47 + 1.08 \times SAR + 29.2 \times RSC(r = 0.952^{***}) \tag{4-1}$$

$$SAR = \frac{c(Na^+)}{\sqrt{\dfrac{c(Ca^{2+}) + c(Mg^{2+})}{2}}} \tag{4-2}$$

$$RSC = [c(CO_3^{2-}) + c(HCO_3^-)] - [c(Ca^{2+}) + c(Mg^{2+})] \tag{4-3}$$

式中:ESP 为土壤碱化度(%);SAR 为钠吸附比,$(meq/100\ g)^{1/2}$;RSC 为残余碳酸钠含量,meq/100 g;$c(Na^+)$、$c(Ca^{2+})$、$c(Mg^{2+})$、$c(CO_3^{2-})$、$c(HCO_3^-)$ 为灌溉水中 Na^+、Ca^{2+}、Mg^{2+}、CO_3^{2-}、HCO_3^- 的浓度,meq/100 g。

(2)土壤饱和导水率。

土壤饱和导水率指在单位水势梯度下,水分通过垂直于水流方向的单位面积饱和土壤的流速。土壤饱和导水率反映了土壤的导水性能,通常在土壤质地、土壤容重、孔隙条件和生物过程等因素的综合影响下,表现出较强的空间异质性[90]。本书根据室内分析结果,参照赵云鹏等[91]的研究成果,确定土壤饱和导水率控制阈值为 5 cm/d,并将土壤饱和导水率划分为 5 级,对应级别标准值为:Ⅰ级(800 cm/d)、Ⅱ级(500 cm/d)、Ⅲ级(100 cm/d)、Ⅳ级(50 cm/d)、Ⅴ级(20 cm/d)。

(3)灌溉水源可供应量。

灌溉水源可供应量是指在作物生育期和非生育期,可供开采利用的水资源总量。灌溉水源可供应量越高,对应水资源灌溉潜力越高,越适宜于区域的农田灌溉。宁夏银北引黄灌区的可利用灌溉水资源主要包括渠引黄河水、浅层地下水和农田排水。渠引黄河水的可供应水资源量参照《自治区人民政府办公厅关于印发宁夏黄河水资源县级初始水权分配方案的通知》（宁政办发〔2009〕221号）。地下水资源可利用量评估以宁夏水文信息情报中心监测的地下水埋深为基础,参照《石嘴山市地下水资源勘察报告》（宁夏地质勘察院,2013）的调查结果和《石嘴山市引黄灌区浅层地下水开发利用项目前期研究》（宁夏水利科学研究院,2017）的研究成果,结合可开采系数法估算区域地下水可利用量。农田排水可利用量以实测的五一支沟及第五排水沟流量为基础,结合排水矿化度及作物耐盐性进行估算。根据灌溉水源可供应量与作物系数法计算的作物需水量之比划分为5级,对应控制阈值为0.2,对应级别标准值为:Ⅰ级（1.5）,Ⅱ级（1.0）,Ⅲ级（0.8）,Ⅳ级（0.6）,Ⅴ级（0.5）。

（4）灌溉水供应及时程度。

受渠道轮灌周期等因素的限制,在作物需水高峰期,灌溉不及时会导致作物减产。为了定量反映作物需水高峰期的灌溉及时程度,本书根据现场调研资料,采用专家打分法对作物需水阶段的灌溉水供应及时程度进行十分制打分,将其划分为5级,对应控制阈值为5分,对应级别标准值:Ⅰ级（9分）,Ⅱ级（8分）,Ⅲ级（7分）,Ⅳ级（6分）,Ⅴ级（5分）。

（5）提水能耗费。

提水能耗费是影响农业生产者应用灌溉水资源积极程度的重要因素。灌溉水资源对应的能耗费用越低,农业生产者应用该水源灌溉的积极性越高,越适宜于农田灌溉。

宁夏银北引黄灌区现行水价仍按照《关于调整我区引黄灌区水利工程供水价格的通知》（宁价商发〔2008〕54号）标准,以支渠口为计量点,确定引黄灌区农业灌溉计划内用水水价为3.05分/m^3,计划用水水价5.05分/m^3。针对研究区12个村60个典型农户进行调研,结果表明2015~2020年按面积分摊引黄灌溉水费为35~90元/亩,多年平均按面积分摊引黄水费为55元/亩。根据《关于印发抗旱辐射井农业水价格暂行管理办法的通知》（宁价商发〔2003〕57号）,抗旱辐射井对应的电费0.185元/kW·h。结合调查统计资料,惠农区抗旱机井运行水价为0.23~0.28元/m^3,农田排水灌溉的小型田间泵站运行水价为0.35元/m^3。

本书根据现场调研资料,参考宁价商发〔2003〕57号文件和《宁夏引（扬）黄灌区管理及农业水价综合改革相关机制与核心问题研究》（宁夏水利科学研究院,2020）,确定提水能耗费控制阈值为0.35元/m^3,将提水灌溉的能耗费用划分为 5 级,对应级别标准值:Ⅰ级(0.1 元/m³)、Ⅱ级(0.15 元/m³)、Ⅲ级(0.2 元/m³)、Ⅳ级(0.25 元/m³)、Ⅴ级(0.30 元/m³)。

(6)灌溉水温。

灌溉水温影响作物根系吸收土壤中的水分和养分。学者研究表明,旱作物的适宜灌溉水温是 15~25 ℃,水稻适宜灌溉水温为 20~30 ℃[92]。浅层地下水的温度通常相对渠道引的黄河水和农田排水的温度低 9~17.5 ℃。当灌溉水温过高时,植物根系容易腐烂,我国《农田灌溉水质标准》(GB 5084—2021)规定了灌溉水温的上限为 35 ℃。因此,在农业生产中,通常需要采取相应措施(例如调整灌溉模式、调整灌溉时间等)调整灌溉水的温度到适宜范围内,减轻灌溉水温对作物产生的不利影响。据现场调查和实测数据,研究区黄河水、地下水和农田排水的水温常年低于 25 ℃。本书参考相关研究,确定灌溉水温下限为 10 ℃,将灌溉水温分为 5 级,确定控制阈值为 10 ℃。对应级别标准值:Ⅰ级(25 ℃)、Ⅱ级(21 ℃)、Ⅲ级(17 ℃)、Ⅳ级(13 ℃)、Ⅴ级(10 ℃)。

4.2 模糊综合评价法的改进

目前,在水利领域经常用到的评价方法主要包括可变模糊集理论、层次分析法、模糊综合评价法、灰色聚类法、灰色关联度法、神经网络法、主成分分析法、投影寻踪法、属性识别法、可拓学评价法、TOPSIS 法、综合指数评价法等。本书综合考虑掌握的数据资料情况,选择模糊综合评价法和层次分析法,其中层次分析法用于确定各项指标的权重,模糊综合评价法用于结合各指标进行综合评价。在对传统模糊综合评价法分析的基础上,本书从评价指标阈值范围的角度考虑,提出了改进方案。

4.2.1 传统模糊综合评价

作为一种基于模糊数学的综合评价方法,模糊综合评价可针对受多种因素影响的对象或事物进行总体评价,根据模糊数学的隶属度理论可将定性评价转化为定量评价,应用广泛。

4.2.1.1 评价指标分级及标准值的确定

根据研究需要,结合相关标准、规范及已有研究成果,综合相关领域专家的经验,将定量评价指标进行分级(通常分 5 级),确定各级别的标准值;针对定性指标,结合相关领域专家的经验,按十分制进行专家分级,确定各级别的标准分值。

4.2.1.2 评价指标权重的确定

传统的模糊综合评价通常采用层次分析法确定指标权重。层次分析法是由美国运筹学家 Saaty 教授提出的将定性分析与定量分析相结合的系统分析方法[92-93]。针对多层次结构的指标体系,层次分析法通过进行相对量的比较,确定多个判断矩阵,取最大特征根所对应的特征向量作为权重,得到的结果可靠度较高。层次分析法确定指标权重的主要步骤如下。

1. 构建评价指标体系

根据研究问题的实际情况,构建一个"目标层–准则层–指标层"的层递阶体系结构,具体见图 4-2。

2. 构造判断矩阵

通过咨询相关领域内的专家,首先对指标体系准则层内各准则进行两两对比,构造准则层判断矩阵;然后对每一准则下的各指标进行两两对比。准则层和指标层判断矩阵如下:

$$\boldsymbol{B} = (b_{kl})_{m \times m} = \begin{bmatrix} b_{11} & \cdots & b_{1m} \\ \vdots & \ddots & \vdots \\ b_{m1} & \cdots & b_{mm} \end{bmatrix} \tag{4-4}$$

$$\boldsymbol{C}_i = (c_{ipq})_{n \times n} = \begin{bmatrix} c_{11} & \cdots & c_{1n} \\ \vdots & \ddots & \vdots \\ c_{n1} & \cdots & c_{nn} \end{bmatrix} \tag{4-5}$$

式中:$\boldsymbol{B}$ 为准则层判断矩阵;b_{kl} 为对目标而言,准则 b_k 相对 b_l 的重要程度,$b_{kl} = \dfrac{1}{b_{lk}}$,$b_{kk} = 1$;$m$ 为准则层的准则数目;$\boldsymbol{C}_i$ 为准则 B_i 对应的指标层判断矩阵;c_{ipq} 为对于准则 b_i 而言,指标 c_{ip} 相对 c_{iq} 的重要程度,$c_{ipq} = \dfrac{1}{c_{iqp}}$,$c_{ipp} = 1$;$n$ 为指标层的指标数目;b_{kl} 与 c_{ipq} 的标度取值见表 4-1。

为了确保判断矩阵的结果可靠,需要对判断矩阵进行一致性检验,当一致性系数 CR<0.1 时,认为判断矩阵可靠,且 CR 越小,判断矩阵的一致性越好;当 CR = 0 时,判断矩阵完全一致。一致性系数 CR 及一致性指标 CI 的计算公式如下:

$$\text{CR} = \frac{\text{CI}}{\text{RI}} \tag{4-6}$$

$$\text{CI} = \frac{\lambda_{\max} - n}{n - 1} \tag{4-7}$$

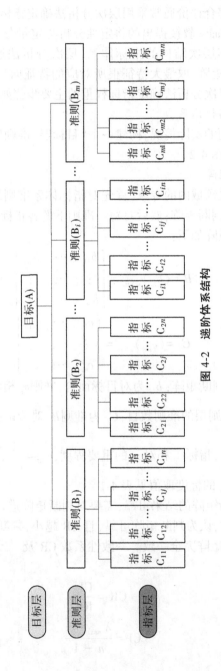

图 4-2　递阶体系结构

表4-1　9分位标度值

标度值	重要程度	标度值	重要程度	标度值	重要程度
1	同等	7	很强	1/5	弱
3	较强	9	极强	1/7	很弱
5	强	1/3	较弱	1/9	极弱

注:标度值2、4、6、8代表相邻判断标度值的中值,需对重要性折中处理时使用。

式中:CR 为判断矩阵的一致性系数;CI 为一致性指标;RI 为平均一致性指标,由表 4-2 结合判断矩阵的阶数确定;λ_{max} 为判断矩阵的最大特征值;n 为判断矩阵的阶数。

表4-2　不同判断矩阵阶数的平均一致性指标

阶数	1 阶	2 阶	3 阶	4 阶	5 阶	6 阶	7 阶	8 阶	9 阶	10 阶
RI	0	0	0.52	0.89	1.12	1.26	1.36	1.41	1.46	1.49

3. 评价指标权重的求解

指标权重由对应的准则层权重和准则层内部的指标权重相乘得到,准则层权重及指标权重求解方程如下:

$$\omega_{ij} = \omega_{cij} \times \omega_{bi} \tag{4-8}$$

$$\omega_{cij} = \frac{N_{ij}^{\frac{1}{n}}}{\sum_{j=1}^{n} N_{ij}^{\frac{1}{n}}} \tag{4-9}$$

$$N_{ij} = \prod_{j=1}^{n} c_{ij} \tag{4-10}$$

$$\omega_{bi} = \frac{M_{i}^{\frac{1}{m}}}{\sum_{i=1}^{m} M_{i}^{\frac{1}{m}}} \tag{4-11}$$

$$M_{i} = \prod_{i=1}^{m} b_{i} \tag{4-12}$$

式中:ω_{ij} 为指标c_{ij} 的权重;ω_{cij} 为准则b_i 内指标c_{ij} 的权重;ω_{bi} 为准则b_i 的权重;N_{ij} 为准则b_i 至对应指标层判断矩阵各行元素的乘积;n 为准则b_i 对应指标层矩阵的阶数;M_i 为目标至准则层判断矩阵各行元素的乘积;m 为准则层矩阵的阶数。

4.2.1.3　评价指标隶属度的计算

各评价指标值对评价等级的隶属度采用三角形或梯形分布的线型隶属函

数进行计算[93]。根据灌溉水适宜程度随评价指标值递增的变化趋势,可将评价指标分为越大越优型指标和越小越优型指标,不同类型指标对应的隶属函数类型不同,具体如下:

(1)越大越优型指标"Ⅰ级"隶属函数

$$r_{d1}(x) = \begin{cases} 1 & x \geqslant a_1 \\ \dfrac{x - a_2}{a_1 - a_2} & a_2 < x < a_1 \\ 0 & x \leqslant a_2 \end{cases} \qquad (4\text{-}13)$$

(2)越大越优型指标"Ⅱ级、Ⅲ级、Ⅳ级"隶属函数

$$r_{dt}(x) = \begin{cases} 1 & x = a_t \\ \dfrac{a_{t-1} - x}{a_{t-1} - a_t} & a_t < x < a_{t-1} \\ \dfrac{x - a_{t+1}}{a_t - a_{t+1}} & a_{t+1} < x < a_t \\ 0 & x \leqslant a_{t+1}, x \geqslant a_{t-1} \end{cases} \qquad (4\text{-}14)$$

(3)越大越优型指标"Ⅴ级"隶属函数

$$r_{d5}(x) = \begin{cases} 1 & x \leqslant a_5 \\ \dfrac{a_4 - x}{a_4 - a_5} & a_5 < x < a_4 \\ 0 & x \geqslant a_4 \end{cases} \qquad (4\text{-}15)$$

(4)越小越优型指标"Ⅰ级"隶属函数

$$r_{m1}(x) = \begin{cases} 1 & x \leqslant a_1 \\ \dfrac{a_2 - x}{a_2 - a_1} & a_1 < x < a_2 \\ 0 & x \geqslant a_2 \end{cases} \qquad (4\text{-}16)$$

(5)越小越优型指标"Ⅱ级、Ⅲ级、Ⅳ级"隶属函数

$$r_{mt}(x) = \begin{cases} 1 & x = a_t \\ \dfrac{x - a_{t-1}}{a_t - a_{t-1}} & a_{t-1} < x < a_t \\ \dfrac{a_{t+1} - x}{a_{t+1} - a_t} & a_t < x < a_{t+1} \\ 0 & x \leqslant a_{t-1}, x \geqslant a_{t+1} \end{cases} \qquad (4\text{-}17)$$

（6）越小越优型指标"Ⅴ级"隶属函数

$$r_{m5}(x) = \begin{cases} 1 & x \geqslant a_5 \\ \dfrac{x - a_4}{a_5 - a_4} & a_4 < x < a_5 \\ 0 & x \leqslant a_4 \end{cases} \qquad (4\text{-}18)$$

式中：$r_{d1}(x)$ 为越大越优型指标Ⅰ级隶属度；$r_{m1}(x)$ 为越小越优型指标Ⅰ级隶属度；$r_{d5}(x)$ 为越大越优型指标Ⅴ级隶属度；$r_{m5}(x)$ 为越小越优型指标Ⅴ级隶属度；x 为灌溉水对应定量指标的值；$r_{dt}(x)$ 为越大越优型指标Ⅱ~Ⅳ级隶属度，$t = 2,3,4$；$r_{mt}(x)$ 为越小越优型指标Ⅱ~Ⅳ级隶属度，$t = 2,3,4$；a_1、a_2、a_3、a_4、a_5 为各评价指标Ⅰ、Ⅱ、Ⅲ、Ⅳ、Ⅴ级标准的标准值。

4.2.1.4　综合评价

分别计算各适宜性级别对应的综合评价函数值并进行比较，最大综合评价函数值对应的级别即为评价方案所属适宜性级别。综合评价函数如下：

$$\text{FCE}_s = \sum_{i=1}^{m} \sum_{j=1}^{n} r_{ijs} \omega_{ij} \qquad (4\text{-}19)$$

式中：FCE_s 为 s 级的综合评价函数值；r_{ijs} 为指标 c_{ij} 对 s 级的隶属度；ω_{ij} 为指标 c_{ij} 的权重。

4.2.2　模糊综合评价法的改进

针对某些特定指标，当指标值超过某一限定范围之后，该指标突变成为影响评价结果最关键的指标，而在传统的模糊综合评价过程中通常被忽略。例如，在评价饮用水适宜性过程中，当某类水中的汞含量超过《生活饮用水卫生标准》（GB 5749—2006）的限值 0.001 mg/L 时，评价指标"汞含量"成为最关键的指标，直接可判定该类水不适宜生活饮用。为了避免在评价指标值超过一定范围后出现的计算权重失真的情况，本书提出在对各评价指标分级完成之后，给出各指标的控制阈值 t_{ij}，并在计算隶属度之前对各评价指标值进行判定：当某一评价指标值 v_{ij} 超过对应的控制阈值 t_{ij} 时，直接给予"不适宜"的判定结果；当所有评价指标值均未超过控制阈值时，继续计算各指标的隶属度，再结合层次分析法计算的权重进行综合评价。改进后的模糊综合评价流程见图 4-3。

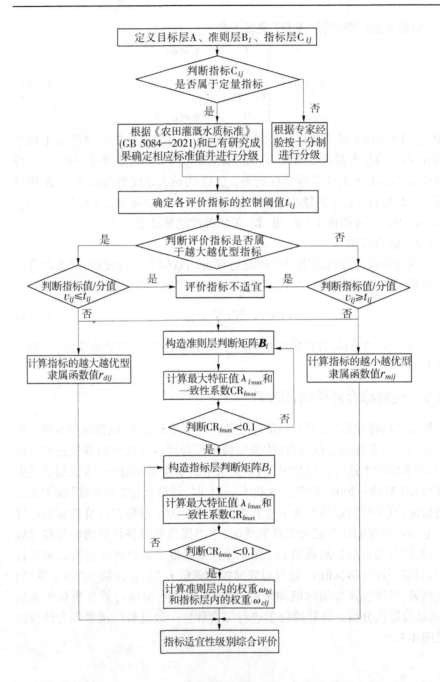

图 4-3 改进后的模糊综合评价流程

4.3　不同灌溉水源适宜性分析

4.3.1　评价指标权重

本书构建的不同灌溉水源适宜性评价指标体系(见图 4-1)共有 7 个准则,分别为水文(Y1)、气象(Y2)、土壤特性(Y3)、作物特性(Y4)、灌溉水资源(Y5)、灌溉水质(Y6)、灌排措施(Y7)。其中,水文准则仅包含 1 项指标,即地下水埋深(X1);气象准则包含 2 个指标,分别为有效降水量(X2)和潜在蒸发蒸腾量(X3);土壤特性准则包含 4 个指标,分别为土壤盐分含量(X4)、土壤碱化度(X5)、土壤饱和导水率(X6)、土壤有机质含量(X7);作物特性准则包含 2 个指标,分别为作物耐盐阈值(X8)和作物类型(X9);灌溉水资源准则包含 3 个指标,分别为灌溉水源可供应量(X10)、灌溉水供应及时程度(X11)和提水能耗费(X12);灌溉水质准则包含指标最多,分别为矿化度(X13)、灌溉水 pH(X14)、灌溉水钠吸附比(X15)、灌溉水温(X16)、化学需氧量(X17)、氯化物浓度(X18)、硫酸根离子含量(X19)、总氮含量(X20)、砷含量(X21)、铅含量(X22)、六价铬含量(X23);灌排措施包含 2 个指标,分别为灌溉措施和(X24)排水措施(X25)。通过咨询宁夏水利科学研究院、宁夏回族自治区水文水资源勘测局石嘴山分局、河海大学等单位的相关专家,建立目标层至准则层及准则层至相应指标层的判断矩阵,结合 MATLAB 软件编写的层次分析程序,调用矩阵求解函数,计算判断矩阵的特征根、特征向量和一致性指标,结果见表 4-3~表 4-6。

表 4-3　目标层–准则层判断矩阵

	Y1	Y2	Y3	Y4	Y5	Y6	Y7	CI	CR
Y1	1	2	1/3	1/5	1/7	1/9	1/3		
Y2	1/2	1	1/5	1/7	1/7	1/9	1/5		
Y3	3	5	1	1/2	1/3	1/5	1/3		
Y4	5	7	2	1	1/3	1/5	1	0.065	0.049
Y5	7	7	3	3	1	1/3	3		
Y6	9	9	5	5	3	1	5		
Y7	3	5	3	1	1/3	1/5	1		

表 4-4 气象、作物特性及灌排措施准则至对应指标判断矩阵

气象准则至对应指标					作物特性准则至对应指标					灌排措施准则至对应指标				
指标	X2	X3	CI	CR	指标	X8	X9	CI	CR	指标	X24	X25	CI	CR
X2	1	3	0	0	X8	1	1	0	0	X24	1	3	0	0
X3	1/3	1			X9	1	1			X25	1/3	1		

表 4-5 土壤特性及灌溉水资源准则至对应指标判断矩阵

土壤特性准则至对应指标							灌溉水资源准则至对应指标				
指标	X4	X5	X6	X7	CI	CR	指标	X10	X11	X12	CI	CR
X4	1	3	9	7			X10	1	1	1		
X5	1/3	1	7	5	0.049	0.055	X11	1	1	1	0	0
X6	1/9	1/7	1	1/3			X12	1	1	1		
X7	1/7	1/5	3	1								

表 4-6 灌溉水质准则至对应指标判断矩阵

指标	X13	X14	X15	X16	X17	X18	X19	X20	X21	X22	X23	CI	CR
X13	1	3	3	3	5	3	3	5	1	1	1		
X14	1/3	1	1	1	3	1	1	3	1/3	1/3	1/3		
X15	1/3	1	1	1	3	1	1	3	1/3	1/3	1/3		
X16	1/3	1	1	1	3	1	1	3	1/3	1/3	1/3		
X17	1/5	1/3	1/3	1/3	1	1	1	3	1/5	1/5	1/5		
X18	1/3	1	1	1	1	1	1	3	1/3	1/3	1/3	0.025	0.017
X19	1/3	1	1	1	1	1	1	3	1/3	1/3	1/3		
X20	1/5	1/3	1/3	1/3	1/3	1/3	1/3	1	1/5	1/5	1/5		
X21	1	3	3	3	5	3	3	5	1	1	1		
X22	1	3	3	3	5	3	3	5	1	1	1		
X23	1	3	3	3	5	3	3	5	1	1	1		

基于建立的判断矩阵(目标层-准则层、准则层-指标层),结合式(4-10)

和式(4-12)计算得到的准则层和指标层的权重分别见表 4-7 和表 4-8。由表 4-7 可以看出,灌溉水质所占权重值最大,其次为灌溉水资源量,水文和气象准则层所占权重值相对较小。这说明在评价研究区灌溉水适宜性时,更注重考虑灌溉水源本身的水质及供水程度和费用。

表 4-7　准则层权重

准则	权重	准则	权重	准则	权重
水文	0.032 8	作物特性	0.116 2	灌排措施	0.111 0
气象	0.023 2	灌溉水资源量	0.224 3		
土壤特性	0.073 3	灌溉水质	0.419 2		

表 4-8　指标层综合权重

指标	综合权重	指标	综合权重
地下水埋深	0.032 8	灌溉水 pH	0.025 6
有效降水量	0.017 4	灌溉水钠吸附比	0.025 6
潜在蒸发蒸腾量	0.005 8	灌溉水温	0.025 6
土壤盐分含量	0.042 8	灌溉水化学需氧量	0.015 1
土壤碱化度	0.021 2	灌溉水氯化物浓度	0.022 9
土壤饱和导水率	0.003 1	硫酸根离子含量	0.022 9
土壤有机质含量	0.006 2	总氮含量	0.009 8
作物耐盐阈值	0.058 1	砷含量	0.067 9
作物类型	0.058 1	铅含量	0.067 9
灌溉水可供应量	0.074 1	六价铬含量	0.067 9
灌溉水供应及时程度	0.074 1	灌溉措施	0.083 2
提水能耗费	0.076 0	排水措施	0.027 8
灌溉水矿化度	0.068 0		

由表 4-8 可知,在气象指标中,有效降水量权重最大(0.017 4),表明有效降水相对潜在蒸发蒸腾量在灌溉水适宜性评价中更重要。在土壤特性指标

中,土壤盐分含量权重最大(0.042 8),主要是因为研究区地下水埋深较浅、蒸发强烈,深层土壤和地下水中的盐分通常向表层土壤集聚,此外,灌溉对土壤特性指标中的土壤盐分影响最为明显。在灌溉水资源指标层中,灌溉水供应及时程度及提水能耗费指标所占权重相差不大。在灌溉水质准则层中,灌溉水矿化度指标所占权重最大(0.068 0),砷含量、铅含量和六价铬含量的指标权重次之,这说明在考虑灌溉水质时更倾向于考虑灌溉水所含盐分和重金属元素对农田生态系统的影响。

4.3.2　黄河水灌溉适宜性

黄河水因其含盐量少、有毒有害物质含量少,通常被认为是黄河流域最适宜的灌溉水源。本书不再针对黄河水应用构建的评价指标体系进行灌溉适宜性分析。根据宁夏回族自治区生态环境厅发布的地表水环境质量状况月报(2016年1月至2020年12月),平罗县黄河大桥断面的黄河水水质在绝大多数月份均达到《地表水水质评价标准》(GB 3838—2002)的Ⅱ类标准。林涛等[94]利用综合水质标识指数法对平罗县黄河大桥断面2012年的黄河水质进行评价,结果表明在丰水期(6~9月)、平水期(4~5月)和枯水期(12月至次年3月),黄河大桥断面的黄河水水质分别达到《地表水水质评价标准》(GB 3838—2002)的Ⅲ、Ⅱ、Ⅲ类标准。

4.3.3　地下水灌溉适宜性

根据现场监测数据,针对套作区和稻作区4~9月的浅层地下水灌溉适宜性进行模糊综合评价,结果见表4-9和表4-10。套作区和稻作区5~9月对应地下水灌溉适宜性均为Ⅰ级,说明研究区5~9月对应的当地浅层地下水适宜灌溉。研究区4月的浅层地下水不适宜灌溉,这是由于4月地下水埋深较大,浅层地下水资源可利用量无法满足灌溉需求,且4月的浅层地下水水温较低。

表4-9　套作区5~9月地下水适宜性

月份	Ⅰ级	Ⅱ级	Ⅲ级	Ⅳ级	Ⅴ级
5月	0.417	0.264	0.102	0.123	0.091
6月	0.413	0.263	0.147	0.089	0.088

续表 4-9

月份	Ⅰ级	Ⅱ级	Ⅲ级	Ⅳ级	Ⅴ级
7 月	0.439	0.322	0.087	0.089	0.062
8 月	0.384	0.340	0.163	0.056	0.057
9 月	0.460	0.234	0.151	0.091	0.064

表 4-10　稻作区 5~9 月地下水适宜性

月份	Ⅰ级	Ⅱ级	Ⅲ级	Ⅳ级	Ⅴ级
5 月	0.446	0.116	0.132	0.079	0.179
6 月	0.440	0.165	0.150	0.065	0.180
7 月	0.482	0.191	0.103	0.060	0.160
8 月	0.445	0.188	0.140	0.064	0.163
9 月	0.454	0.127	0.168	0.121	0.130

4.3.4　农田排水灌溉适宜性

　　大量学者针对青铜峡灌区的土壤及地下水中的盐分集聚和衰减规律展开了研究,发现宁夏银北引黄灌区的农田排水在灌水期属于微咸水,其盐分浓度随灌溉季节的变化而变化,灌前排水中盐分浓度较高,灌溉中、后期排水中的盐分浓度降低,在非灌溉期排水中盐分浓度较高,农田排水灌溉存在土壤盐渍化的风险[85,95]。本书以现场监测的农田排水水质结果及《银北地区盐碱地改良监测评估》等资料为基础,结合模糊综合评价法进行农田排水灌溉的适宜性评价,结果见表 4-11 和表 4-12。由于研究区 4 月和 9 月对应的农田排水资源较少,无法及时满足灌溉需求,因此研究区 4 月和 9 月对应的农田排水不适宜灌溉。套作区和稻作区 5~8 月的农田排水灌溉适宜性均为Ⅰ级,这说明套作区和稻作区 5~8 月的农田排水适宜于农田灌溉。

表 4-11　套作区 5~8 月农田排水灌溉适宜性

月份	Ⅰ级	Ⅱ级	Ⅲ级	Ⅳ级	Ⅴ级
5 月	0.311	0.216	0.139	0.096	0.235
6 月	0.323	0.225	0.150	0.145	0.157
7 月	0.328	0.261	0.222	0.025	0.164
8 月	0.304	0.189	0.238	0.101	0.168

表 4-12　稻作区 5~8 月农田排水灌溉适宜性

月份	Ⅰ级	Ⅱ级	Ⅲ级	Ⅳ级	Ⅴ级
5 月	0.324	0.148	0.170	0.117	0.240
6 月	0.333	0.213	0.229	0.052	0.173
7 月	0.320	0.211	0.284	0.007	0.173
8 月	0.307	0.233	0.226	0.050	0.179

　　由于稻作区的灌溉频率和灌溉定额相对套作区更大,稻作区的农田排水量相对套作区较大。此外,稻作区位于研究区排水支沟(新五一支沟)的上游,而套作区位于下游,探讨稻作区的农田排水对套作区农田作物灌溉的适宜性具有重要意义。本书以套作区的水文、气象、土壤、作物等条件为基础,结合稻作区农田排水的水量和水质特征,进行了灌溉适宜性分析,结果见表 4-13。套作区 5~8 月对应稻田排水灌溉的适宜性均为Ⅰ级,这说明稻作区 5~8 月农田排水适宜于套作区农田灌溉。由于稻作区灌溉时间为 5 月中旬至 8 月中旬,4 月和 9 月对应的稻作区农田排水量较小,无法满足套作区灌溉需求。

表 4-13　套作区 5~8 月稻田排水灌溉适宜性

月份	Ⅰ级	Ⅱ级	Ⅲ级	Ⅳ级	Ⅴ级
5 月	0.324	0.242	0.115	0.160	0.156
6 月	0.334	0.258	0.225	0.101	0.082
7 月	0.321	0.268	0.298	0.030	0.082
8 月	0.308	0.298	0.237	0.069	0.088

4.4 灌溉节水潜力分析

本书通过作物系数法和水量平衡法计算了套作区和稻作区不同水文年的理论灌溉需水量,分析了套作区和稻作区现状灌溉定额和宁夏农业用水定额标准相对理论灌溉需水量的节水潜力,可为研究区节水灌排模式的进一步研究提供理论参考。

4.4.1 不同水文年灌溉需水量

本书以"中国气象数据网"(http://data.cma.cn/user/modpwd.html)下载得到的平罗气象站(站号 53615)降水日值数据(1959～2020 年)为基础,结合经验公式分别统计套作和稻作生育期内的有效降水量,利用皮尔逊 Ⅲ 型曲线对套作和稻作近 62 年的有效降水进行频率分析,结果见图 4-4。套作生育期内的有效降水量平均值为 145.12 mm,变差系数为 0.37,偏差系数为 0.22;稻作生育期内的有效降水量平均值为 135.01 mm,变差系数为 0.38,偏差系数为 0.37。按照频率 P 分别为 25%、50%、75% 和 90% 确定研究区丰水年、平水年、枯水年和特枯水年的代表年分别为 2012 年、2014 年、2013 年、2017 年。

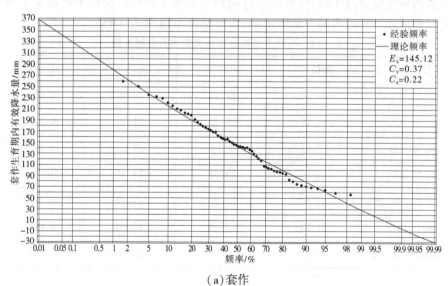

(a)套作

图4-4 套作和稻作生育期内有效降水频率曲线

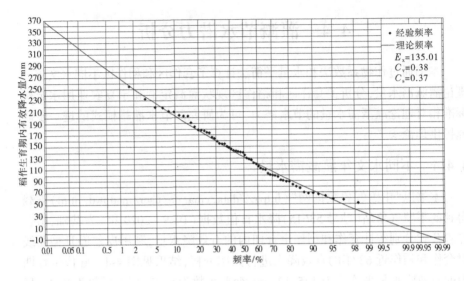

(b)稻作

续图 4-4

结合小麦和玉米各生育阶段历时,将整个套作生育期划分为 6 个时段;结合水稻各生育阶段历时,将水稻生育期划分为 8 个时段。统计不同水文年型套作和稻作各时段内的有效降水量,结果见表 4-14 和表 4-15。

表 4-14　不同水文年套作生育期内有效降水量　　单位:mm

时段(月-日)	2012 年	2014 年	2013 年	2017 年
03-23 ~ 04-20	10. 09	15. 18	0. 00	0. 00
04-21 ~ 06-03	34. 16	28. 23	22. 47	9. 21
06-04 ~ 06-21	32. 82	7. 19	25. 62	1. 28
06-22 ~ 07-12	42. 13	24. 28	33. 45	19. 29
07-13 ~ 08-15	35. 64	23. 64	12. 77	41. 92
08-16 ~ 10-10	25. 34	44. 63	13. 60	6. 00
03-23 ~ 10-10	180. 18	143. 15	107. 91	77. 70

表 4-15　不同水文年稻作生育期内有效降水量　　单位：mm

时段(月-日)	2012 年	2014 年	2013 年	2017 年
05-11~05-24	17.59	0.00	11.21	6.25
05-25~06-10	0.00	23.29	17.35	0.00
06-11~06-30	38.17	18.83	13.76	1.22
07-01~07-20	42.80	9.36	34.55	29.38
07-21~08-05	32.06	17.05	4.68	7.42
08-06~08-15	0.00	7.97	2.31	21.63
08-16~09-20	15.95	34.35	12.63	5.73
09-21~10-20	21.11	21.00	2.41	0.00
05-11~10-20	167.68	131.85	98.90	71.63

结合表 3-7 及表 3-8 所示套作和稻作各生育阶段作物系数和式(3-13)，计算套作和稻作生育期内的作物需水量见表 4-16 和表 4-17。丰水年、平水年、枯水年、特枯水年对应套作生育期内作物需水量分别为 660.38 mm、581.82 mm、550.84 mm、698.38 mm；水稻生育期内需水量分别为 1 113.06 mm、956.31 mm、928.55 mm、1 176.39 mm。特枯水年对应的作物需水量最大，其次为丰水年，枯水年对应的作物需水量最小。

表 4-16　不同水文年型套作生育期内作物需水量　　单位：mm

时段(月-日)	2012 年	2014 年	2013 年	2017 年
03-23~04-20	34.27	27.51	32.87	32.28
04-21~06-03	141.97	146.08	140.57	168.57
06-04~06-21	110.28	90.93	78.25	111.61
06-22~07-12	35.95	30.82	32.72	40.01
07-13~08-15	278.68	245.48	223.90	282.59
08-16~10-10	59.23	41.00	42.53	63.32
03-23~10-10	660.38	581.82	550.84	698.38

表 4-17 不同水文年型稻作生育期内作物需水量　单位:mm

时间段	2012 年	2014 年	2013 年	2017 年
05-11 ~ 05-24	66.71	76.14	71.29	76.45
05-25 ~ 06-10	122.47	120.92	111.13	128.26
06-11 ~ 06-30	159.98	127.35	125.38	170.77
07-01 ~ 07-20	153.84	152.10	126.95	161.18
07-21 ~ 08-05	160.96	141.80	132.98	160.29
08-06 ~ 08-15	99.85	83.15	96.49	102.73
08-16 ~ 09-20	284.15	201.94	207.83	307.90
09-21 ~ 10-20	65.10	52.91	56.50	68.81
05-11 ~ 10-20	1 113.06	956.31	928.55	1 176.39

根据《灌溉试验规范》(SL 13—2014)[96]的规定,作物耗水量计算可采用水量平衡法,具体计算式如下:

$$M_i = ET_{ci} - 10\gamma H(W_{i1} - W_{i2}) - P_{0i} - K_i + C_i + D_i \qquad (4-20)$$

式中:M_i 为第 i 时段灌溉需水量,mm;ET_{ci} 为第 i 时段作物需水量,mm;γ 为耕作层土壤干容重,g/m³,根据实测资料,取值1.5;H 为耕作层土壤厚度,cm,参考玉米、小麦和水稻根系的相关研究成果,取值0.4;W_{i1}、W_{i2} 分别为耕作层土壤在第 i 时段始、末的含水率(占干土重的百分率);P_{0i} 为第 i 时段内的有效降水量,mm;K_i 为第 i 时段内的地下水补给量,mm,为了确定最大灌溉需水量,本书假定作物生育期内地下水在毛细力作用下对非饱和带的补给量为0;C_i 为第 i 时段内的地表径流量,mm,根据实地调研资料,研究区作物生育期内没有地表径流,取值为0;D_i 为第 i 时段内的深层渗漏量,mm,研究区作物生育期内没有深层渗漏,取值为0。

计算得到不同水文年套作和稻作生育期内灌溉需水量见表4-18和表4-19,丰水年、平水年、枯水年套作生育期内灌溉需水量分别为363.96 mm、426.52 mm、444.97 mm;稻作生育期内灌溉需水量分别为721.02 mm、776.69 mm、786.16 mm。套作和稻作生育期内的灌溉需水量在特枯水年最高,分别为510.19 mm和851.81 mm。

表 4-18　不同水文年型套作生育期内灌溉需水量　　　单位:mm

时段(月-日)	2012 年	2014 年	2013 年	2017 年
03-23～04-20	25.80	30.22	54.24	47.78
04-21～06-03	114.94	134.44	134.07	157.75
06-04～06-21	58.66	76.31	46.23	79.56
06-22～07-12	9.65	25.75	19.67	38.93
07-13～08-15	107.35	131.74	128.95	117.23
08-16～10-10	47.56	28.06	61.81	68.94
03-23～10-10	363.96	426.52	444.97	510.19

表 4-19　不同水文年型稻作生育期内灌溉需水量　　　单位:mm

时段(月-日)	2012 年	2014 年	2013 年	2017 年
05-11～05-24	57.17	82.97	67.65	73.21
05-25～06-10	103.36	96.53	94.29	109.11
06-11～06-30	101.48	105.92	109.35	140.51
07-01～07-20	91.42	136.44	90.22	122.11
07-21～08-05	82.35	103.08	109.34	107.31
08-06～08-15	84.32	71.59	86.50	68.46
08-16～09-20	150.55	127.60	153.40	158.21
09-21～10-20	50.37	52.56	75.41	72.89
05-11～10-20	721.02	776.69	786.16	851.81

很多学者针对小麦、玉米、水稻等作物的灌溉制度展开了大量研究。戴佳信等[97]在内蒙古河套灌区开展作物灌溉制度试验研究,发现当小麦套作玉米的净灌溉定额为 447 mm 时,作物综合产量最高,该结果略高于本书计算的平水年套作灌溉需水量;孙骁磊等[7]在宁夏惠农区实地调研发现小麦生育期内灌溉定额为 263～307 mm,玉米生育期内灌溉定额为 299～340 mm;张霞等[98]在分析宁蒙灌区节水潜力时指出,惠农灌区水稻节水灌溉定额为 780 mm,这

与本书计算的平水年稻作区灌溉需水量接近;王静等[99]针对1961~2010年宁夏主要作物需水规律的研究结果表明,平罗县春小麦灌溉需水量为408 mm,玉米灌溉需水量为547 mm,水稻灌溉需水量为726 mm。

4.4.2 灌溉节水潜力

4.4.2.1 现状灌溉水量

结合惠农渠管理处第四管理所提供的2015~2019年各支渠引水资料,研究区平均渠引黄河水量为6 292.08万 m³/年。

4.4.2.2 理论灌溉水量

研究区地处西北内陆干旱、半干旱地区,表土蒸发强烈,而当地浅层地下水埋深较浅且矿化度为淡水的2~5倍,表层土壤容易积盐,套作生育期内灌水量通常难以充分淋洗表层土壤在全年积累的盐分,需要结合冬灌洗盐。相关研究结果表明,在西北地区和华北地区,作物非生育期淋盐水量为100~150 m³/亩。本书根据现场调研,取冬灌定额100 m³/亩。本书基于水量平衡法和Penman-Monteith法联合计算的理论灌溉需水量(见表4-18、表4-19),结合套作区和稻作区的耕地面积,计算不同水文年型下套作区和稻作区的理论灌溉水量,结果见表4-20。相对于研究区平水年的理论灌溉水量,丰水年对应的理论灌溉水量降低7.99%,枯水年和特枯水年分别增加1.64%和10.75%。

表4-20 不同水文年型研究区灌溉水量

种植区域	计算面积/km²	灌溉需水量/mm				理论灌溉水量/万 m³			
		丰水年	平水年	枯水年	特枯水年	丰水年	平水年	枯水年	特枯水年
套作区	19.92	513.96	576.52	594.47	660.19	1 023.81	1 148.43	1 184.18	1 315.10
稻作区	51.39	721.02	776.69	786.16	851.81	3 705.32	3 991.41	4 040.08	4 377.45
研究区	71.31					4 729.13	5 139.84	5 224.26	5 692.55

4.4.2.3 按定额折算灌溉水量

根据宁夏回族自治区人民政府办公厅文件《自治区人民政府办公厅关于印发宁夏回族自治区有关行业用水定额(修订)的通知》(宁政办发〔2020〕20号),青铜峡河西银北引黄灌区的玉米畦灌定额为270 m³/亩,其中播前灌溉定额为60 m³/亩;春小麦畦灌定额为230 m³/亩,小麦收后冬灌定额为60

m^3/亩;水稻常规灌溉定额为 1 000 m^3/亩,水稻控制灌溉定额为 790 m^3/亩。结合小麦和玉米不同生育阶段的特征,参考相关研究成果,确定小麦套作玉米的灌溉用水定额为 330 m^3/亩。玉米播前进行一次播前灌与春小麦分蘖期灌溉相重叠,按畦灌定额折算套作区作物生育期内灌溉水量为 986.04万 m^3/年;按水稻控制灌溉定额计算稻作区作物生育期内灌溉水量为 6 089.68万 m^3/年。按研究区对应的农业用水定额核算,研究区全年灌溉水量为 7 075.72 万 m^3。

　　研究区农业灌溉具有一定的节水潜力。针对研究区现状模式、理论灌溉模式和农业用水定额模式下的年灌溉水量分析结果见表 4-21。研究区平水年理论年灌溉水量为现状全年灌溉水量的 8.17%,按定额折算年灌溉水量达到现状全年灌溉水量的 1.125 倍,平水年理论年灌溉水量为按定额折算水量的7.26%,其中,套作区平水年理论年灌溉水量为按定额折算水量的 1.165 倍,稻作区平水年理论年灌溉水量为按定额折算水量的 6.55%。

表 4-21　研究区年灌溉水量　　　　单位:万 m^3

种植区域	现状模式	理论灌溉模式				农业用水定额模式
		丰水年	平水年	枯水年	特枯水年	
套作区	1 634.31	1 023.81	1 148.43	1 184.18	1 315.10	986.04
稻作区	4 657.77	3 705.32	3 991.41	4 040.08	4 377.45	6 089.68
研究区	6 292.08	4 729.13	5 139.84	5 224.26	5 692.55	7 075.72

　　相对于平水年理论灌溉模式,现状灌溉模式的黄河水节水潜力为 1 152.24万 m^3/年,宁夏行业用水定额标准模式的节水潜力为 1 935.88 万 m^3/年;相对于特枯水年理论灌溉模式,现状灌溉模式的黄河水节水潜力为 599.53万 m^3/年,宁夏行业用水定额标准模式的节水潜力为 1 383.17 万 m^3/年。

　　此外,研究区农田排水和地下水资源利用潜力较大。针对套作区和稻作区地下水灌溉适宜性分析结果表明,研究区 5~9 月地下水适宜灌溉;根据对饱和带的水均衡分析,参照地下水开采经验系数法,现状条件下研究区 5~9月的地下水可利用量为 578 万 m^3/年。针对套作区和稻作区的农田排水灌溉适宜性分析结果表明,研究区 5~8 月农田排水适宜灌溉;根据现场监测资料计算研究区 5~8 月可利用排水量达 2 257 万 m^3/年。因此,在研究区综合利用渠引黄河水、地下水和农田排水灌溉,可以有效降低黄河水农田灌溉量,减少排水量,节约黄河水资源、提高水分利用效率。

4.5　小　结

本章结合气象、土壤特性等资料针对研究区构建了不同灌溉水源的适宜性评价指标体系,针对传统模糊综合评价方法进行改进,结合监测试验数据对不同灌溉水源在4~9月的灌溉适宜性进行了评价;在分析套作区和稻作区不同水文年灌溉需水量的基础上提出了研究区的节水潜力。本章主要得出以下结论:

(1)结合研究区的实际情况,在排水灌溉适宜性评价指标体系的基础上,增加了灌溉水可供应量、灌溉水供应及时程度、提水能耗费等评价指标,构建了研究区的灌溉水适宜性评价指标体系。

(2)在对传统模糊综合评价法分析的基础上提出改进方案,建议在对各评价指标隶属度计算之前增加指标值与对应指标控制阈值的判定过程,以避免权重计算失真的情况,当某一评价指标值超过对应的控制阈值时,直接给予"不适宜"的判定结果。

(3)结合改进后的模糊综合评价法,对地下水和农田排水各时段的灌溉适宜性进行评价,结果表明套作区和稻作区5~8月的地下水和农田排水灌溉适宜程度均达到Ⅰ级。

(4)在对研究区近62年有效降水频率分析的基础上,利用作物系数法和水量平衡法分别计算了套作区和稻作区不同水文年各生育时段的理论灌溉需水量。结合套作区和稻作区的种植面积,折算分析得到现状灌溉模式相对理论灌溉需水量具有节水潜力1 152.24万 m³/年,宁夏农业用水定额标准模式相对理论灌溉需水量具有节水潜力1 935.88万 m³/年。

第 5 章　HYDRUS-MODFLOW-MT3DMS 耦合模型的构建

耦合 HYDRUS 模型、MODFLOW 模型和 MT3DMS 模型,可以同时实现区域非饱和带和饱和带的土壤水盐运移模拟。为了模拟研究区的土壤水盐和地下水盐动态,本章根据研究区的实际情况构建了对应的水文地质概念模型,在对 HYDRUS 模型、MODFLOW 模型和 MT3DMS 模型耦合原理分析的基础上提出了在 MODFLOW 每个时间步长后的剖面水头和溶质浓度修正方案,并结合 2019 年 4 月至 2021 年 3 月的土壤水盐和地下水盐监测数据对耦合模型进行了率定和验证。

5.1　水文地质概念模型

研究区土壤水和地下水系统在常温常压下均符合质量守恒定律和能量守恒定律。对研究区土壤水和地下水运动特征分析发现,非饱和带土壤水运动服从 Buckingham-Darcy 通量定律,饱和带地下水运动均符合 Darcy 定律。

根据研究的简化需要,概化非饱和带土壤水运动为垂向一维流。由于非饱和带各层土壤的质地及其水力特性参数可能存在差异,体现了非均质性。此外,作用于土壤表面的降水、灌溉、蒸发、蒸腾等水文过程随时间变化,体现了非稳定流特征。因此,概化研究区非饱和带为一维非均质非稳定土壤水流系统。

根据研究需要,本书将潜水层划分为 1 层,地下水运动概化为空间二维流。由于地下水系统在潜水面处接受非饱和带的补给随时间和空间变化,体现了非稳定流特征。此外,潜水层不同位置的相关水文地质参数变化幅度较小,体现了相关参数的均质各向同性特征。因此,概化研究区饱和带为二维均质各向同性非稳定地下水流系统。

5.1.1　模型的概化

根据研究区的实际情况,为简化模型,本书针对研究区的边界条件、高程、有效降水、渠道引水灌溉、地表积水、叶面积指数、根系吸水过程和施肥均做出如下概化。

5.1.1.1　边界条件的概化

结合研究区现场调研资料,当地表无积水时,模型上边界为大气边界,主要接受降水和灌溉入渗的补给,通过地表蒸发、作物蒸腾等方式耗散。当地表出现积水层时,模型上边界转化为随时间变化的压力水头边界,在地表允许积水深度范围内,耦合模型根据降水、灌溉和入渗等外部因素的变化自动计算实际积水深度和压力水头。根据宁夏回族自治区水文环境地质勘察院的实际勘察资料,研究区含水层的第一隔水底板埋深大于 50 m,因研究区多年地下水最大埋深为 3.5 m,本书设定模型的潜水面最大理论深度为 5 m,模拟深度为50 m,概化底部边界为零通量边界。根据平罗县水文局多年的地下水位实际监测资料,取平均水位作为研究区西侧惠农渠和北侧第五排水沟的定水头边界。由于研究区含水层在南侧和东侧与外界含水层相互连通,概化研究区南侧永华渠和东侧 203 乡道边界为零通量边界。

5.1.1.2　高程的概化

根据研究需要,概化研究区底部为水平面,垂向模拟范围为实际底部高程1 051 m(1956 黄海高程系统)以上区域。结合平罗县的省级地下水监测井坐标信息,本书利用 ArcGIS 软件做 Kriging 插值,得到研究区的高程等值线图(见图 5-1)。在模型中将模拟域的底部高程设定为 0,在插值高程的基础上减去 1 051 m,得到相对高程。此外,结合研究区的地形实际情况,针对道路、渠底和排水沟底的高程相对农田地表高程做出概化:道路地面高程相对增加1.2 m;支渠渠底高程相对增加 0.3 m;干渠和分干渠渠底高程相对增加 0.8m;排水支沟沟底高程相对降低 1.0 m;排水干沟沟底高程相对降低 1.5 m。

5.1.1.3　有效降水的概化

结合平罗气象站 1959～2019 年的日值气象数据,采用 FAO56 推荐的Penman-Monteith 方法[78]计算研究区逐日的参考作物蒸发蒸腾量 ET_0,并将逐日累积降水量与计算得到的参考作物蒸发蒸腾量进行比较,确定有效降水量,具体公式如下:

$$P_{eff} = \begin{cases} 0 & P_i \leqslant ET_{0i} \\ P_i - ET_{0i} & P_i > ET_{0i} \end{cases} \tag{5-1}$$

式中:P_i 为第 i 天的累积降水量,m;ET_{0i} 为第 i 天的参考作物蒸发蒸腾量计算值,m;P_{eff} 为第 i 天的有效降水量,m。

根据实际测量发现,研究区降水含盐量几乎为零,概化有效降水自地表入渗时挟带盐量为零。

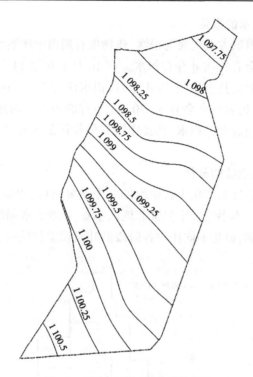

图 5-1　研究区地面高程等值线图

5.1.1.4　渠道引水灌溉的概化

通过对 2015~2019 年各支渠实际引水资料进行分析,概化套作区作物生育期内(4~9 月)每次灌溉时间持续 10 d,冬灌期间灌溉时间持续 30 d,具体灌溉时间为 5 月中旬、6 月下旬、7 月下旬、8 月中旬、10 月下旬至 11 月中旬;概化水稻生育期内的灌溉时间为 5 月中旬至 8 月中旬,灌溉持续时间 100 d,水稻非生育期内不再灌溉。

根据宁夏回族自治区水文水资源勘测局多年监测资料,宁夏境内黄河水多年平均矿化度为 0.505 g/L,因此概化经渠灌挟带进入农田的盐分浓度为 0.505 kg/m³。由于盐分补给时间与对应的渠灌时间一致,渠灌水盐分浓度与各支渠灌溉补给量的乘积即为各支渠控制范围内的盐分补给量。研究区现状无浅层地下水和排水被开采应用于农田灌溉,在考虑利用地下水或农田排水灌溉向农田非饱和带输入盐分时,概化地下水或农田排水输入的盐分浓度为开采前 10 d 监测的地下水或农田排水平均盐分浓度。

5.1.1.5　地表积水的概化

套作区农田灌溉方式主要为渠灌,作物生育期内单次灌水定额通常较大,每次灌溉后地面会有 5~8 d 存在积水。在 10 月下旬至 11 月中旬冬灌期间,套作区地表积水时间甚至达到 30 d 左右,积水深度 5~15 cm。此外,为满足水稻需水,稻作区地表通常会有 5~20 cm 左右的积水。因此,本书根据实际情况概化研究区地表允许积水,且套作区和稻作区最大允许积水深度分别为 0.1 m 和 0.3 m。

5.1.1.6　叶面积指数的概化

叶面积指数是反映作物生长状况的一个重要指标,也是计算田间土壤蒸发量的重要参数。本书结合宁夏银北地区小麦、玉米和水稻的实际生长情况,根据现场监测数据,概化不同作物各阶段的叶面积指数见图 5-2。

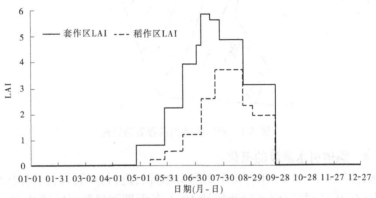

图 5-2　套作区和稻作区作物 LAI

5.1.1.7　根系吸水过程的概化

作物进行光合作用、呼吸作用等生理活动及蒸腾作用所需要的水分、养分和部分无机盐主要依靠根系从土壤中吸收。本书参考 HYDRUS-1D 模型关于土壤水分胁迫响应函数[100]的作物参数数据库,概化套作区和稻作区根系吸水关键参数见表 5-1。

Feddes[100]和 Raats[101]分别提出了根系吸水分布的"线性函数"模型和"指数函数"模型。本书根据研究区作物根系的实际生长情况,借鉴根系吸水分布的"指数函数"模型,概化套作区和稻作区根系吸水分布函数值(见图 5-3)。

作物在生长过程中吸收的土壤盐分通常随着作物的收获从土壤中析出。作物从土壤中的吸盐量主要受到作物类型、土壤盐分含量、气象条件等因素的影响。据苏联学者 K.Π.帕克等的研究成果,春小麦从土壤中析出的盐量约为对应产量的 1/30,玉米从土壤中析出的盐量约为对应产量的 1/12。由于作物在生育期内通过根系吸收的土壤盐分相对农田土壤盐分本底值较小,本书概化研究区作物根系吸盐量为零。

表 5-1 套作区和稻作区根系吸水关键参数

种植区	P_0	P_{opt}	P_{2H}	P_{2L}	P_3	r_{2H}	r_{2L}
套作区	−0.15	−0.30	−3.25	−6.0	−80	0.005	0.001
稻作区	1.00	−0.55	−2.50	−1.6	−150	0.005	0.001

注:P_0 代表根系开始从土壤中吸收水分的压力水头值;P_{opt} 代表根系吸水速率最大对应的压力水头值;P_{2H} 代表根系无法从土壤中以最大速率吸收水分的限制压力水头值,对应潜在蒸腾速率为 r_{2H};P_{2L} 代表水分胁迫下根系无法从土壤中以最大速率吸收水分的限制压力水头值,对应潜在蒸腾速率为 r_{2L};P_3 代表根系停止吸水对应的压力水头值;r_{2H} 代表潜在蒸腾速率;r_{2L} 代表水分胁迫下潜在蒸腾速率。

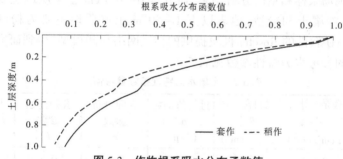

图 5-3 作物根系吸水分布函数值

5.1.1.8 施肥的概化

据现场监测结果,研究区表层 20 cm 土壤有机质平均含量仅为 13.8 g/kg,全氮、全磷含量分别为 1.32 g/kg 和 0.41 g/kg,耕作层土壤养分缺乏。为了确保作物正常生长发育,需要在作物生育期内额外施入化肥或农家肥到非饱和带表层土壤中。农家肥或化肥在腐熟及分解后释放养分的同时也会向土壤释放部分盐分离子。据调查统计,小麦套作玉米种植模式最佳施肥量为纯氮 570 kg/hm²、纯五氧化二磷 130 kg/hm²、纯氧化钾 70 kg/hm²;水稻田最佳施肥量为纯氮 265 kg/hm²、纯五氧化二磷 85 kg/hm²、纯氧化钾 60 kg/hm²;套作区全年因施肥引入盐量不足 770 kg/hm²,稻作区全年因施肥引入盐量不足 410 kg/hm²。结合相关统计结果,按 40% 的肥料利用率计算(剩余 60% 积累在土壤中),套作区全年因施肥积盐不足 462 kg/hm²,稻作区全年因施肥积盐不足 246 kg/hm²。结合 2015～2019 年各支渠引水量及黄河水多年平均矿化度计算,得到套作区多年平均引盐量 3 774.67 kg/hm²,稻作区多年平均引盐量 4 307.01 kg/hm²。稻作区施肥造成的积盐量仅相当于现状黄河水灌溉挟带盐量的 5.71%。由于施肥引入表层土壤中的盐量相对灌溉引入的盐量较小,本书概化在施肥过程中引入的盐量为零。

5.1.2　水文地质参数

本书参考宁夏水利科学研究院、宁夏回族自治区水文水资源监测预警中心及宁夏回族自治区地质工程勘察院的相关研究成果,结合宁夏回族自治区水文水资源勘测局石嘴山分局 2011～2019 年针对石嘴山市引黄灌区的实测资料,在现场调研、野外监测、室内试验分析的基础上,初步确定研究区相关水文地质参数的取值。

5.1.2.1　土壤水力特性参数

根据现场采样和室内分析结果,研究区 0～100 cm 土壤质地主要为粉壤土,其次为沙壤土和粉沙,地表以下 1～50 m 土壤质地主要为粉沙。结合 HYDRUS-1D 软件的 Rosetta 模块提供的神经网络预测模型,得到研究区各类质地土壤的参考水力特性参数见表 5-2。

表 5-2　土壤水力特性参数参考值

土壤质地	残余含水率 θ_s/ (cm³/cm³)	饱和含水率 θ_r/ (cm³/cm³)	进气值倒数 α/ (1/m)	孔隙分布参数 n	孔隙连通参数 l	土壤饱和导水率 K_s/ (m/d)
沙壤土	0.045	0.379	0.002	1.66	0.5	2.14
粉壤土	0.053	0.397	0.002	1.65	0.5	1.75
粉沙	0.052	0.383	0.003	1.65	0.5	1.23

5.1.2.2　给水度

根据经验公式(3-31),当地下水埋深小于 1.18 m 时,含水层给水度与地下水埋深呈"指数函数"关系。结合研究区多年月平均地下水埋深统计资料,本书计算对应时段的土壤给水度,结果见图 5-4。研究区 4 月对应作物播前,地下水埋深最大,土壤给水度为 0.06～0.07;7 月处于作物生育期的中期,受降水入渗补给和灌溉入渗补给的影响,地下水埋深较浅,土壤给水度的空间差异性较大,大致呈由北向南递增的趋势;10 月对应作物收后,地下水埋深较大,土壤给水度介于 0.07～0.09。

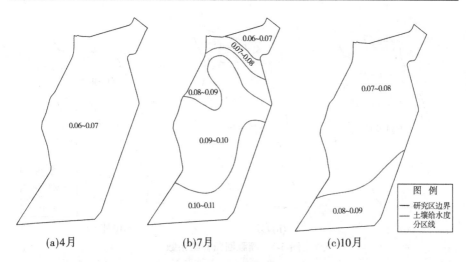

(a)4月　　　　　　　(b)7月　　　　　　　(c)10月

图 5-4　土壤给水度

5.1.2.3　降雨入渗补给系数

降雨入渗补给系数是表征降雨补给地下水强度的重要指标,受降水量、降水形式、包气带岩性、透水面积、地下水埋深等因素的影响,通常可分为次降雨入渗补给系数、年降雨入渗补给系数和多年平均降雨入渗补给系数。由于按照次降雨时段分析降雨入渗补给系数的过程较为复杂,本书参照余美[102]在银北引黄灌区的研究结果,确定研究区多年的平均降水入渗补给系数为 0.12。

5.1.2.4　渠灌入渗补给系数

渠灌入渗补给系数表征灌溉水对地下水补给程度的物理量,受地下水埋深、气象条件、土壤性质、植被结构等因素的综合影响。本书参考 1992 年东风试验区的灌溉入渗资料[74],确定研究区作物生育期内的渠灌入渗补给系数为 0.175,作物非生育期的渠灌入渗补给系数为 0.284。

5.1.2.5　灌溉回归补给系数

根据经验公式,灌溉回归补给系数与灌前地下水埋深呈负线性相关关系。本书结合研究区 4 月、7 月、10 月的地下水埋深数据,确定研究区的灌溉回归补给系数结果见图 5-5。研究区灌溉回归补给系数为 0.14~0.16。由于研究区每年 12 月至次年 4 月停灌,4 月对应的地下水埋深通常达到全年最大值,因此 4 月对应的灌溉回归补给系数最小。套作区 7 月和 10 月对应的灌溉回归补给系数为 0.14~0.15,稻作区 7 月和 10 月对应的灌溉回归补给系数为 0.15~0.16,这可能是由于稻作区相对套作区实施了高频灌溉,地下水埋深相对较浅。

5.1.2.6　潜水蒸发系数

潜水蒸发系数是指潜水蒸发量与水面蒸发量的比值,通常随着地下水埋

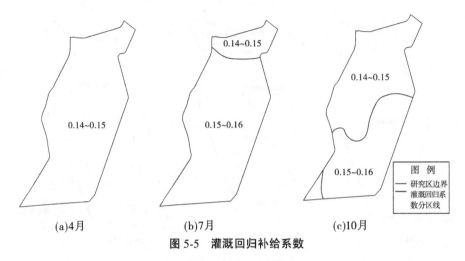

图 5-5　灌溉回归补给系数

深的增加而减小。本书参考河海大学针对宁夏银北引黄灌区的研究成果[102],潜水蒸发系数经验公式如下:

$$C = 0.726e^{-1.299H} \tag{5-2}$$

式中:C 为潜水蒸发系数;H 为地下水埋深,m。

　　结合研究区 4 月、7 月、10 月的地下水埋深资料和式(5-2)计算研究区的潜水蒸发系数,结果见图 5-6。研究区 4 月对应的潜水蒸发系数小于 0.1;7 月对应的潜水蒸发系数空间变异较大,自研究区东北向西南方向递增;10 月对应的潜水蒸发系数空间变异较小,昌滂渠以南的稻作区潜水蒸发系数为 0~0.2。

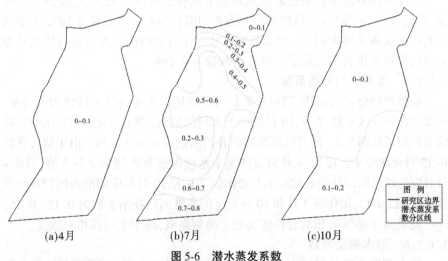

图 5-6　潜水蒸发系数

5.1.2.7   明沟排泄地下水系数

明沟排泄地下水系数表征了灌区排水沟的排泄能力。由于明沟排水受灌溉的影响较大,因此本书以研究区非灌溉期(9 月及 12 月至次年 4 月)的排水资料和地下水埋深数据为基础,结合式(3-30),计算得到整个研究区的明沟排泄地下水系数为 0.24。

5.1.3   模型的分区

研究区在水平方向上不同位置的土壤质地不一致,地下水埋深及水文地质参数等也不一致。因此,需要将研究区在水平方向上划分为若干小区,在垂直方向上将每个小区作为一个典型区域进行模拟研究。

根据贯穿整个研究区的主要分干渠和主要排水支沟分布情况,可将研究区划分 5 个区,见图 5-7(a);根据研究区的农作物种植结构,研究区可划分为套作区和稻作区,见图 5-7(b);根据研究区的土地利用情况,研究区可划分为耕地和居民住宅区,见图 5-7(c);根据研究区 0~40 cm 和 40~100 cm

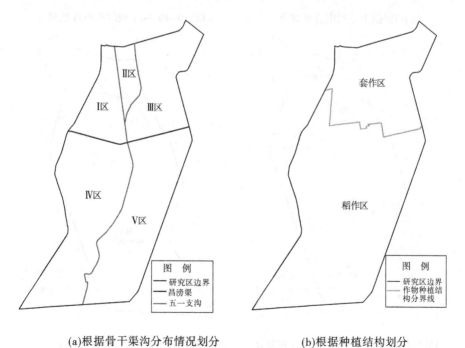

(a)根据骨干渠沟分布情况划分   (b)根据种植结构划分

图 5-7   耦合模型分区

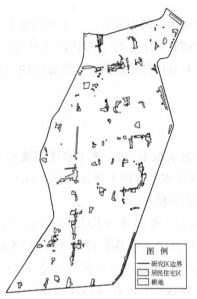

(c)根据土地利用情况划分

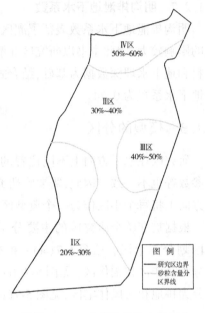

(d)根据0~40 cm土壤的砂粒含量划分

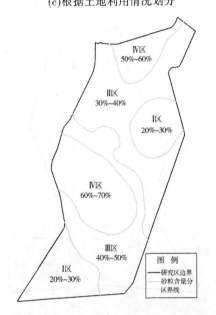

(e)根据40~100 cm土壤的砂粒含量划分

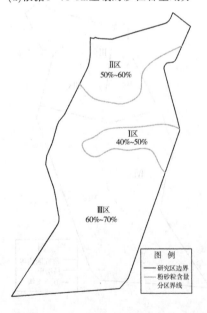

(f)根据0~40 cm土壤的粉砂粒含量划分

续图 5-7

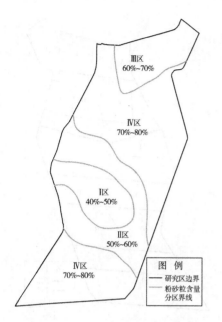

(g)根据40~100 cm土壤的粉砂粒含量划分

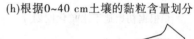

(h)根据0~40 cm土壤的黏粒含量划分

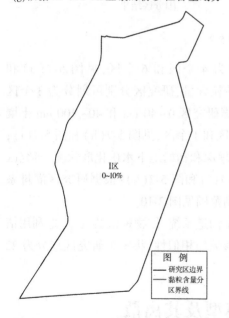

(i)根据40~100 cm土壤的黏粒含量划分

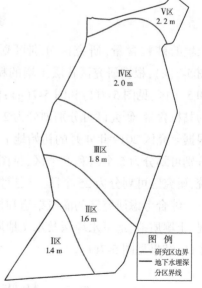

(j)根据初始地下水埋深划分

续图5-7

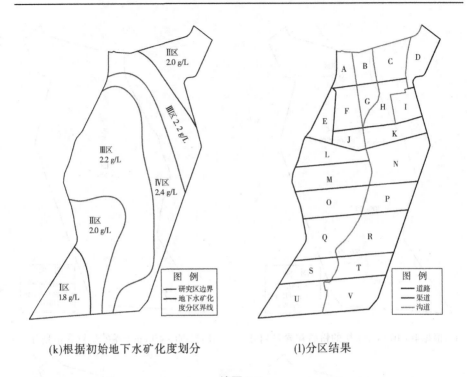

(k)根据初始地下水矿化度划分　　　　(l)分区结果

续图 5-7

土壤的砂粒含量,研究区分别可划分为 4 个区和 6 个区,见图 5-7(d)和图 5-7(e);根据研究区各层土壤的粉砂粒含量,研究区分别可划分为 3 个区和 5 个区,见图 5-7(f)和图 5-7(g);根据研究区 0～40 cm 和 40～100 cm 土壤的黏粒含量,研究区可分别划分为 2 个区和 1 个区,见图 5-7(h)和图 5-7(i);根据研究区 2019 年 4 月的初始地下水埋深和初始地下水矿化度状况,研究区分别可划分为 5 个区和 6 个区,见图 5-7(j)和图 5-7(k);根据研究区灌排系统,研究区可划分为 25 个区。渠道控制范围见图 2-10。

综合考虑研究区的灌溉渠道和排水沟道系统、作物种植结构、土地利用情况、土壤质地、地下水埋深及水文地质参数的相似性,将整个研究区划分为 22 个区,结果见图 5-7(l)。

5.2　数值模型及其离散

HYDRUS - MODFLOW - MT3DMS 耦合模型主要由 HYDRUS 模块、

MODFLOW 模块和 MT3DMS 模块构成。其中,HYDRUS 模块是基于 HYDRUS-1D 源程序[103]编译的针对 MODFLOW 模块和 MT3DMS 模块的子程序,既考虑了渗流区土壤水分运动的主要过程及影响因素(降水、蒸发、根系吸水等),也考虑了非饱和带溶质的对流、弥散等物理过程和一级降解、线性吸附等生物地球化学反应,可以用于模拟非饱和带土壤的一维垂向水分运动和溶质运移。MODFLOW 模块是基于 MODFLOW-2005[104-105] 源程序编译的可执行文件,主要用于模拟饱和带中的水流运动。MT3DMS 模块是郑春苗等[106-109]针对三维地下水溶质运移编译的可执行程序 MT3DMS v5.3。

　　Twarakavi 等[110-111]、Beegum 等[112-113]将 HYDRUS-1D 作为子程序嵌入到 MODFLOW 模块中,编译了可执行程序文件"HYDRUS package for MODFLOW 2018(HPM2018)",从空间和时间上将 HYDRUS-1D 模型与 MODFLOW 模型紧密结合在一起,扩展了 MODFLOW 模型模拟非饱和带水流运动和溶质运移的能力。HYDRUS 模块以潜水面为界将非饱和带底部的水位和溶质信息传递给 MODFLOW 模块,MODFLOW 模块则将潜水面处的水位信息传递给 HYDRUS 模块,同时,MODFLOW 模块将非饱和带底部的土壤溶质信息通过其子程序 LMT7 传递给 MT3DMS 模块作为溶质的源汇项,具体耦合原理见图 5-8。

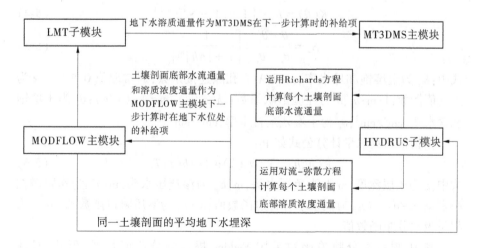

图 5-8　HYDRUS-MODFLOW-MT3DMS 模型耦合原理

5.2.1 耦合模型数值方程

5.2.1.1 非饱和带数值方程

相对于 HYDRUS-1D 模型,HPM2018 不考虑热传输过程和土壤水力函数的滞后效应,忽略了与耦合模型不相关的边界条件,丧失了 HYDRUS-1D 模型的其他部分功能(如参数反演等)。目前,HPM2018 仅有 FORTRAN 语言编译的源程序,没有配套的可视化界面,应用相对较复杂。

1. 非饱和带水流运动数值方程

HYDRUS 模块在模拟非饱和带一维垂向水流运动中忽略温度梯度和气相变化作用的影响,采用修正后的 Richards 方程建立水分运动模型如下:

$$\frac{\partial \theta}{\partial t} = \frac{\partial \theta}{\partial z} \left[K(\theta) \frac{\partial h}{\partial z} - K(h) \right] - S \qquad (5-3)$$

式中:θ 为土壤体积含水率,cm^3/cm^3;h 为非饱和带负压水头,m;z 为垂直高度,m;t 为水分运移时间,d;K 为土壤水的非饱和水力传导率,m/d;S 为根系吸水或源汇项,$1/d$。

其中,非饱和带土壤水力特性通常采用 Van Genuchten - Mualem 模型[114-115]表示,具体如下:

$$K(\theta) = K_s S_e^\lambda \left[1 - (1 - S_e^{\frac{1}{m}})^m \right]^2 \qquad (5-4)$$

$$S_e = \frac{\theta - \theta_r}{\theta_s - \theta_r} = \left[\frac{1}{1 + |\alpha h|^n} \right]^m \qquad (5-5)$$

式中:K_s 为土壤饱和导水率,m/d;λ 为孔隙连接系数,通常取值 0.5[114];α 为进气值倒数,$1/m$;m、n 为经验形状系数(无量纲),$m = 1 - (1/n)$;θ_s 为土壤饱和含水率,cm^3/cm^3;θ_r 为土壤残余含水率,cm^3/cm^3。

作物根系吸水量计算公式如下:

$$K(h, h_\varphi, z) = \alpha_w(h) \alpha_s(c) b(z) T_p \qquad (5-6)$$

式中:z 为土层深度,m;h 为负压水头,m;h_φ 为渗透压水头,m;T_p 为作物潜在腾发量,m/d;$\alpha_w(h)$ 为根系水分胁迫函数值;$\alpha_s(c)$ 为溶质胁迫函数值;$b(z)$ 为根系吸水分布函数值。

其中,根系水分胁迫函数采用 Feddes 提出的分段函数[100]形式,具体如下:

$$\alpha_w(h) = \begin{cases} 0 & h > h_1 \\ \dfrac{h - h_1}{h_2 - h_1} & h_2 < h \leqslant h_1 \\ 1 & h_3 < h \leqslant h_2 \\ \dfrac{h - h_4}{h_3 - h_4} & h_4 < h \leqslant h_3 \\ 0 & h \leqslant h_4 \end{cases} \qquad (5\text{-}7)$$

式中：$\alpha_w(h)$ 为水分胁迫函数值；h 为压力水头，m；h_1 为作物厌氧的土壤水头，m；h_2 为作物根系以最大速率吸水的土壤水头，m；h_3 为作物根系吸水开始受胁迫的土壤水头，m；h_4 为作物根系受胁迫而停止吸水的土壤水头，m。

溶质胁迫函数参考修正的 Van Genuchten 函数[116]，具体见下式：

$$\alpha_s(h_\varphi) = \cfrac{1}{1 + \left(\dfrac{c_s}{c_{50}}\right)^P} \qquad (5\text{-}8)$$

式中：$\alpha_s(h_\varphi)$ 为溶质胁迫函数值；c_s 为饱和土壤水溶液电导率，dS/m；c_{50} 为导致根系吸水量降低 50% 对应的饱和土壤水溶液电导率，dS/m；P 为经验参数，推荐取值为 3[116]。

根系吸水分布函数参考 Van Genuchte 和 Hoffman 提出的分段函数形式，具体如下：

$$b(z) = \begin{cases} \dfrac{5}{3L_R} & z > L - 0.2L_R \\ \dfrac{2.083\,3}{L_R}\left(1 - \dfrac{z_0 - z}{L_R}\right) & z \in (L - L_R, L - 0.2L_R) \\ 0 & z < L - L_R \end{cases} \qquad (5\text{-}9)$$

式中：L 为距模拟剖面底部的高度，m；L_R 为作物根系深度，m。

本书利用经典生长函数[117]与作物最大根系深度，推求作物根系深度 L_R，具体计算公式如下：

$$L_R(t) = L_R f_\Gamma(t) = \cfrac{L_0 L_m}{L_0 + (L_m - L_0)\mathrm{e}^{-rt}} \qquad (5\text{-}10)$$

式中：L_m 为作物根系最大深度，m；$f_\Gamma(t)$ 为作物根系的生长因子；L_0 为作物根系初始深度，m；r 为作物生长速率，1/d。

2. 非饱和带溶质运移数值方程

HYDRUS 子模块在模拟非饱和带多孔介质中溶质运移的过程中，采用一维对流-弥散方程[118]：

$$\frac{\partial \theta c}{\partial t} + \rho \frac{\partial s}{\partial t} = \frac{\partial}{\partial z}\left(\theta D \frac{\partial c}{\partial z}\right) - \frac{\partial qc}{\partial z} - \varphi \tag{5-11}$$

式中：c 为溶质浓度，kg/m^3；s 为吸附浓度，kg/kg；D 为水动力弥散系数，m^2/d；ρ 为孔隙介质的容重，kg/m^3；q 为 Darcy-Buckingham 公式计算的垂向体积通量密度，m/d；φ 为源汇项，$kg/(m^3 \cdot d)$。

根据研究需要，本研究做出如下假设：土壤对盐分无吸附作用且作物根系不吸收盐分，则上式可简化如下：

$$\frac{\partial(\theta c)}{\partial t} = \frac{\partial}{\partial z}\left(\theta D \frac{\partial c}{\partial z}\right) - \frac{\partial(qc)}{\partial z} \tag{5-12}$$

其中，水动力弥散系数由下式推求：

$$D = D_L |v| + D_w \tau_w \tag{5-13}$$

式中：D_L 为径向弥散系数，m；v 为土壤水流速，m/d；D_w 为溶质在自由水中的扩散系数，m^2/d；τ_w 为溶质在水中的扭曲系数。

5.2.1.2　饱和带数值方程

1. 饱和带水流运动数值方程

MODFLOW 模块采用三维有限差分法求解地下水质量守恒方程。本研究中考虑潜水含水层中的水流运动，结合 Dupuit 假设得到二维地下水运动偏微分方程如下：

$$K_x \frac{\partial}{\partial x}\left(H \frac{\partial H}{\partial x}\right) + K_y \frac{\partial}{\partial y}\left(H \frac{\partial H}{\partial y}\right) = S_y \frac{\partial H}{\partial t} \tag{5-14}$$

式中：K_x 为笛卡儿坐标系 X 轴方向水力传导度，m/d；K_y 为笛卡儿坐标系 Y 轴方向水力传导度，m/d；H 为测压水头，m；S_y 为多孔介质的给水度（无量纲）；t 为时间，d。

2. 饱和带溶质运移数值方程

耦合模型采用模块化的三维地下水溶质运移模型（MT3DMS）对饱和带溶质运移进行数值模拟，MT3DMS 模块用于计算溶质对流、弥散和化学反应的偏微分方程如下：

$$\frac{\partial(\theta C)}{\partial t} = \frac{\partial}{\partial x_i}\left(\theta D_{ij} \frac{\partial C}{\partial x_i}\right) - \frac{\partial}{\partial x_i}(\theta v_i C) + q_s C_s + \sum R_n \tag{5-15}$$

式中:C 为易溶性溶质浓度,kg/m³;θ 为饱和带介质孔隙度(无量纲);t 为时间,d;x_i 为沿笛卡儿坐标轴的距离,m;D_{ij} 为水动力弥散系数,m²/d;v_i 为孔隙水流速,m/d;q_s 为含水层单位体积的流量,1/d;C_s 为含水层源汇项的浓度,kg/m³;$\sum R_n$ 为化学反应项,kg/(m³·d)。

5.2.2　数值模型的修正

在 HYDRUS 模块第 m 个时间步长模拟完成后,HYDRUS 模块将土壤单元体底部水位信息传递给 MODFLOW 模块,作为 MODFLOW 模块第 n 个时间步长的饱和带上边界(潜水面)补给/排泄信息,MODFLOW 模块经历第 n 个时间步长的模拟,再将潜水面水位信息传递给 HYDRUS 模块作为 HYDRUS 模块第 $m+1$ 个时间步长的土壤单元体下边界(潜水面)补给/排泄信息。经历了 MODFLOW 模块第 n 个时间步长的模拟和传递,HYDRUS 模块第 m 个时间步长末与第 $m+1$ 个时间步长起始的土壤单元体下边界水位信息通常不一致,而土壤单元体有限元的压力水头分布仍维持 HYDRUS 模块第 m 个时间步长末的状态,由此导致土壤单元体各有限元的压力水头信息突变,产生经潜水面的突然流入或流出通量,影响耦合模型的模拟精度[93,113,119]。

为了消除在 MODFLOW 模块每一时间步长后可能产生的土壤单元体剖面水流通量突变带来的误差,本书以 Buckingham-Darcy 通量定律为基础,提出在 MODFLOW 模块每个时间步长后引入修正方程并迭代求解对应的水位信息,调整土壤剖面的压力水头分布。

非饱和带土壤水流运动的 Buckingham-Darcy 通量定律如下:

$$q = -K(h)\left(\frac{\partial h}{\partial z} + 1\right) \tag{5-16}$$

式中:q 为水流通量,m³/d;$K(h)$ 为渗透系数,m³/d;h 为压力水头,m;z 为渗流路径长度,m。

结合 Buckingham-Darcy 通量定律对耦合模型 HYDRUS 模块的土壤单元体剖面压力水头做如下修正:

$$q = -\frac{K_i + K_{i-1}}{2}\left(\frac{h_i - h_{i-1}}{Z_i - Z_{i-1}} + 1\right) \tag{5-17}$$

式中:q 为土壤单元体底部单位面积的水流通量,m/d;K_i 为土壤单元体第 i 个有限元对应的渗透系数,m/d, $i=2,3,4,\cdots,96$;h_i 为土壤单元体第 i 个有限元对应的压力水头,m, $i=2,3,4,\cdots,96$;Z_i 为土壤单元体第 i 个有限元对应的高度, m, $i = 2, 3, 4, \cdots, 96$。

在对土壤单元体剖面的压力水头修正的基础上,本书结合质量守恒定律提出耦合模型 MODFLOW 模块每个时间步长结束后土壤单元体底部的溶质浓度修正方案,具体方程如下:

$$c_{\text{new}} = c_{\text{old}} \frac{\rho K_d + \theta c_{\text{old}}}{\rho K_d + \theta c_{\text{new}}} \tag{5-18}$$

式中: c_{old}、c_{new} 为修正前和修正后的溶质浓度, kg/m³; ρ 为多孔介质的密度, kg/m³; K_d 为吸附等温线的经验系数; θ 为体积含水量, cm³/cm³。

5.2.3　模型的离散

5.2.3.1　空间离散

研究区总面积 76.45 km²,根据耦合模型的空间耦合方式,在水平方向上,将研究区沿南北向均匀剖分为 298 行,沿东西向均匀剖分为 192 列,每个单元格为 50 m×50 m,共划分 57 216 个正方形单元,其中有效单元 30 580 个,非活动单元 26 636 个,具体见图 5-9(a)。根据模型的分区结果,研究区30 580 个有效网格单元组合成 22 个区域,每个区域对应非饱和带的 1 个土壤单元体表征土壤水盐运移规律,土壤单元体的底层位于潜水面以下。

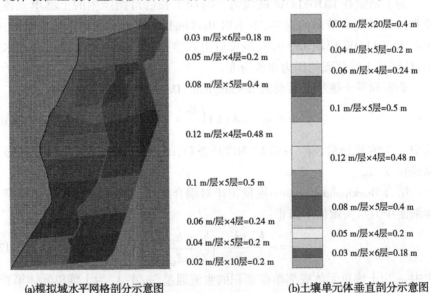

0.03 m/层×6层=0.18 m
0.05 m/层×4层=0.2 m
0.08 m/层×5层=0.4 m
0.12 m/层×4层=0.48 m
0.1 m/层×5层=0.5 m
0.06 m/层×4层=0.24 m
0.04 m/层×5层=0.2 m
0.02 m/层×10层=0.2 m

0.02 m/层×20层=0.4 m
0.04 m/层×5层=0.2 m
0.06 m/层×4层=0.24 m
0.1 m/层×5层=0.5 m
0.12 m/层×4层=0.48 m
0.08 m/层×5层=0.4 m
0.05 m/层×4层=0.2 m
0.03 m/层×6层=0.18 m

(a)模拟域水平网格剖分示意图　　　　(b)土壤单元体垂直剖分示意图

图 5-9　研究区空间离散示意图

在垂向上,根据土层岩性结构和水文地质条件,将地表以下 0~50 m 概化为 1 层。根据土壤垂向异质性特征以及模型计算要求,综合考虑土壤压力水头的变化幅度、源汇项、边界条件、土壤颗粒级配等因素,采用 Galerkin 有限元法在垂直方向上将土壤单元体离散为 96 个有限元,具体见图 5-9(b),其中表层 0.4 m 为作物主根区(耕作层),地表以下 4.8~5.0 m 靠近模型设定的潜水面,有限元厚度均为 0.02 m。

5.2.3.2　时间离散

在时间上,HYDRUS 模块、MODFLOW 模块和 MT3DMS 模块的时间步长彼此独立。为了实现耦合模型计算收敛和提高循环效率的目的,HYDRUS 模块和 MT3DMS 模块的时间步长宜小于 MODFLOW 模块的时间步长。

HYDRUS 模块针对土壤水盐运移的模拟采用隐式差分的格式进行时间离散。根据研究需要,确定初始时间增量设置为 0.05 d,最小允许时间增量为 0.005 d,最大允许时间增量为 0.5 d。模型迭代次数为 3~7 次,当某一特定时间步长内的迭代次数小于 3 次,下一次计算的时间步长在原基础上乘以 1.3;当某一特定时间步长内的迭代次数大于 7 次,下一次计算的时间步长在原基础上乘以 0.7。

根据实地调研结果,研究区惠农渠和昌滂渠的行水时间为 4 月下旬至 9 月上旬、10 月下旬至 11 月下旬;其他支渠每年 5~8 月引水灌溉农作物,10 月下旬北部旱地引水冬灌。本书根据饱和带补给、排泄条件等变化规律,将完整的水文年度(4 月至次年 3 月)划分为 5 个应力期,其中,4~5 月为第 1 应力期,历时 60 d;6 月、7 月分别对应第 2、3 应力期,分别历时 30 d;8~9 月为第 4 应力期,历时 60 d;10 月至次年 3 月为第 5 应力期,历时 185 d。根据模型计算需要,MODFLOW 模块每个应力期通常被离散为多个时间步长。经实际反复调试,第 1 应力期和第 4 应力期的时间步长设置为 3 d,第 2、3 应力期的时间步长设置为 1 d,第 5 应力期的时间步长设置为 6 d,整个水文年离散为 137 个时间步长。

根据对流-弥散方程的稳定性标准和精度要求,MT3DMS 模块求解溶质运移方程需要设置相对 MODFLOW 模块更小的时间步长。根据调试结果,确定 MT3DMS 模块 4~5 月的时间步长为 1 d,6、7 月的时间步长为 0.5 d,8~9 月的时间步长为 1 d,10 月至次年 3 月的时间步长为 2 d。

5.3 模型率定与验证

结合研究区 2019 年 4 月至 2021 年 3 月的气象、灌溉等资料,本书采用地下水埋深、地下水矿化度、0～100 cm 土壤含水率和含盐量数据对耦合模型进行率定和验证,其中采用 2019 年 4 月至 2020 年 3 月的数据资料对模型进行率定,应用 2020 年 4 月至 2021 年 3 月的数据资料对模型进行验证。

徐昭[116]通过对 HYDRUS-1D 模型的各参数设置不同的比例因子,采用直接法分析参数的敏感程度,发现 HYDRUS-1D 模型中的进气值导数、形状系数、饱和导水率、纵向弥散系数相对其他参数更敏感。因此,本书结合 HYDRUS-1D 模型、MODFLOW 模型、MT3DMS 模型的特点,主要针对非饱和带土壤的饱和导水率 θ_s、进气值导数 α、形状系数 n、纵向弥散系数 D_{LUS} 进行率定,对饱和带的水平渗透系数 HK、垂向渗透系数 VKA、给水度 μ、弹性释水率 S_s、纵向弥散度 D_{LS} 进行率定。

为了对模型参数的率定和验证效果进行综合衡量,本书引入 5 个评价指标,分别为纳什效率系数 NSE、平均相对误差 MRE、均方根误差 RMSE、回归系数 RC 和决定系数 R^2。各检验指标的具体计算公式如下:

$$NSE = 1 - \frac{\sum_{i=1}^{n}(SV_i - MV_i)^2}{\sum_{i=1}^{n}(SV_i - \overline{SV})^2} \tag{5-19}$$

$$MRE = \frac{1}{n}\sum_{i=1}^{n}\frac{(SV_i - MV_i)}{MV_i} \times 100\% \tag{5-20}$$

$$RMSE = \sqrt{\frac{1}{n}\sum_{i=1}^{n}(SV_i - MV_i)^2} \tag{5-21}$$

$$RC = \frac{\sum_{i=1}^{n}(SV_i MV_i)}{\sum_{i=1}^{n}SV_i^2} \tag{5-22}$$

$$R^2 = \left[\frac{\sum_{i=1}^{n}(SV_i - \overline{SV})(MV_i - \overline{MV})}{\left(\sum_{i=1}^{n}(SV_i - \overline{SV})^2\right)^{0.5}\left(\sum_{i=1}^{n}(MV_i - \overline{MV})^2\right)^{0.5}}\right]^2 \tag{5-23}$$

式中：n 为实测值数目；SV_i 为第 i 个实测值；MV_i 为第 i 个模拟值；$\overline{SV}$ 为实测值的平均值；$\overline{MV}$ 为模拟值的平均值。当平均相对误差和均方根误差越接近于 0，表明模型的模拟精度越高；当回归系数和决定系数越接近于 1，反映模拟值越接近于实测值。通常，平均相对误差应控制在 10% 以内，均方根误差与实测值的平均值之比应控制在 20% 以内，决定系数大于 0.5 即达到率定要求。

5.3.1　源汇项

研究区耦合模型的源汇项可概化为点、线、面 3 类。点状源汇项主要是灌溉井开采地下水灌溉农田；线状源汇项主要包括灌溉渠道的渗漏和农田土壤向排水沟排水；面状源汇项主要由灌溉入渗、降水入渗和潜水蒸发构成。

5.3.1.1　点状源汇项

经实地勘察调研发现，研究区现状未发现有开采地下水用于农田灌溉的情况。查阅相关资料发现宁夏水利部门在 1977~1982 年和 2003~2007 年进行了两次大规模机井建设，在整个宁夏引黄灌区共建设机井 6 000 余眼。研究区内历史建设机井约 80 多眼，现状基本全部被毁，现状人工开采量接近于 0。

5.3.1.2　线状源汇项

1. 渠道渗漏

研究区自干渠至农渠各级渠道均已衬砌完毕，本书忽略衬砌后的渠道渗漏量，假定渠道渗漏水量为 0，因渗漏而挟带进入研究区农田的盐量为 0。

2. 排水沟排水

当灌溉或强降雨后，位于沟底位置以上的土壤中的重力水将通过侧渗的方式运移到排水沟；当地下水位高于排水沟底位置时，地下水通过侧渗方式向排水沟排泄，农田地下水位对应下降直至与排水沟中的水位一致。农沟中的排水通常在自流的作用下及时进入斗沟，汇入五一支沟，排入第五排水沟，很少存在排水沟中水位高于地下水位从而形成排水补给地下水的情况。现场调研及统计资料表明，套作区和稻作区每年 5~8 月存在明沟排水，此外套作区10 月下旬至 11 月中旬也存在明沟排水，其他时间不存在明沟排水。根据监测的五一支沟逐日排水量及排水时间，计算研究区排水率的方程如下：

$$\alpha_{mgi} = \frac{Q_{mgi}}{T_i} \tag{5-24}$$

式中：α_{mgi} 为第 i 个月的排水率，m/d，$i = 5、6、7、8、10、11$；Q_{mgi} 为研究区第 i 个月的排水量，m³，$i = 5、6、7、8、10、11$；T_i 为第 i 个月的排水时间，d。

结合研究区 2019~2020 年的明沟排水资料,计算五一支沟各时段的排水率见表 5-3。

表 5-3 五一支沟各时段排水率

月份	5	6	7	8	10	11	平均
排水率/(万 m³/d)	333.95	421.46	642.53	475.72	53.11	308.53	372.55

由表 5-3 可知,研究区五一支沟排水效率为 53.11 万~642.53 万 m³/d,平均排水效率为 372.55 万 m³/d,其中 6 月、7 月、8 月的排水率相对平均值为 13.13%~72.47%。

3. 排水沟排盐

明沟排盐是研究区土壤盐分和地下水盐分排泄的主要途径。灌溉或降水后,大量表层土壤中的盐分随淋溶水进入排水沟,农田表层土壤中的盐分含量降低。当地下水位高于排水斗沟水位时,地下水中的部分盐分也随着地下水的侧渗而进入排水沟,地下水中的盐分总量减少。本书根据实际情况,将全年的排盐时间划分为 5 月、6 月、7 月、8 月、10 月、11 月,结合 2019~2020 年的排水监测资料,计算五一支沟排盐效率,公式如下:

$$\gamma_{mgi} = \frac{Q_{mgi} C_{mgi}}{T_i} \tag{5-25}$$

式中:γ_{mgi} 为第 i 个月的排盐效率,kg/d,$i = 5$、6、7、8、10、11;Q_{mgi} 为五一支沟第 i 个月的排水量,m³;C_{mgi} 为五一支沟第 i 个月的排水含盐量,kg/m³;T_i 为五一支沟第 i 个月排水持续时间,d。

通过计算得到五一支沟不同时段的排盐效率见表 5-4。研究区日排盐率为 680.9~6 977.9 t,平均日排盐率为 4 355.7 t,其中 5 月、7 月、8 月的排盐效率相对平均值高 18.06%~60.2%。

表 5-4 研究区各时间段排盐率

月份	5	6	7	8	10	11	平均
排盐率/(万 kg/d)	526.63	375.94	697.79	514.25	68.09	430.70	435.57

5.3.1.3 面状要素

1. 渠道灌溉

渠灌的田间入渗量是指灌溉水进入农田后,经包气带下渗的水量,具体计算公式如下:

$$Q_{灌溉} = \eta_{渠系} Q_{引} \qquad (5-26)$$

$$q_{灌溉} = \frac{Q_{灌溉}}{FT} \qquad (5-27)$$

式中: $Q_{灌溉}$ 为渠灌进入田间的入渗水量, m^3; $\eta_{渠系}$ 为支渠至农渠的渠系水利用系数, 取值 0.795; $Q_{引}$ 为支渠首端引水总量, m^3; $q_{灌溉}$ 为渠灌水进入田间的速率, m/d; F 为计算域面积, 套作区 $2.164 \times 10^7 \ m^2$, 稻作区 $5.481 \times 10^7 \ m^2$; T 为灌溉持续时间, d。

根据惠农渠管理处第四管理所提供的 2015～2019 年研究区各支渠实际引水资料, 结合各渠道控制范围内的套作区或稻作区农田种植面积统计值和灌溉时间概化, 分别计算在各引水灌溉时段渠灌水进入田间的速率, 结果见表 5-5 和表 5-6。

表 5-5　套作区渠灌水进入田间的速率　　　　　单位:m/d

时间	2015	2016	2017	2018	2019	平均
05-01～10	0.010 65	0.018 20	0.015 13	0.014 93	0.018 48	0.015 48
06-11～20	0.013 53	0.025 09	0.010 49	0.023 61	0.024 28	0.019 40
07-11～20	0.010 28	0.016 51	0.016 30	0.021 22	0.019 10	0.016 68
08～01～10	0.007 49	0.001 21	0.001 97	0.002 87	0.004 11	0.003 53
10-20～11-20	0.004 68	0.007 85	0.005 79	0.007 28	0.007 16	0.006 55

表 5-6　稻作区渠灌水进入田间的速率　　　　　单位:m/d

时间	2015	2016	2017	2018	2019	平均
5 月	0.005 60	0.010 83	0.007 42	0.011 25	0.011 42	0.009 30
6 月	0.007 16	0.008 05	0.005 85	0.008 45	0.008 12	0.007 53
7 月	0.004 32	0.007 41	0.006 92	0.006 72	0.008 14	0.006 70
8 月	0.003 59	0.008 71	0.002 40	0.005 21	0.004 57	0.004 90

因黄河水中含有盐分(平均矿化度 0.505 g/L), 引黄河水灌溉会向研究区引入盐分。根据研究区各支渠的引水数据, 计算套作区和稻作区在灌溉过程中的引盐量见表 5-7 和表 5-8。

表 5-7　套作区渠灌引盐率　　　　　单位:kg/(m² · d)

时间	2015	2016	2017	2018	2019	平均
05-01～10	0.005 38	0.009 19	0.007 64	0.007 54	0.009 33	0.007 82
06-11～20	0.006 83	0.012 67	0.005 30	0.011 92	0.012 26	0.009 80
07-11～20	0.005 19	0.008 34	0.008 23	0.010 72	0.009 64	0.008 42
08-01～10	0.003 78	0.000 61	0.000 99	0.001 45	0.002 08	0.001 78
10-20～11-20	0.002 36	0.003 97	0.002 93	0.003 67	0.003 62	0.003 31

表 5-8　稻作区渠灌引盐率　　　　　单位:kg/(m² · d)

时间	2015	2016	2017	2018	2019	平均
5 月	0.002 83	0.005 47	0.003 75	0.005 68	0.005 77	0.004 70
6 月	0.003 62	0.004 06	0.002 96	0.004 27	0.004 10	0.003 80
7 月	0.002 18	0.003 74	0.003 49	0.003 39	0.004 11	0.003 38
8 月	0.001 82	0.004 40	0.001 21	0.002 63	0.002 31	0.002 47

2. 大气降水

研究区降水量小,主要集中在 6～9 月,多发生暴雨。结合 1990～2020 年气象资料日值数据,计算研究区逐日潜在蒸发蒸腾量,忽略作物地上部分截流的蒸发损失,通过对比日降水量与日潜在蒸发量,即可确定研究区的日降水有效入渗量。研究区年降水入渗水量为 15～126 mm,多年平均有效降水入渗量为 58 mm。

3. 作物腾发和土壤蒸发

作物腾发量和土壤蒸发量共同构成非饱和带土壤表面的排泄项,在耦合模型的 HYDRUS 模块中需要分别计入。结合研究区 1990 年 4 月至 2020 年 3 月气象数据,计算得到套作区多年平均作物腾发量和土壤蒸发量分别为 470.06 mm 和 402.85 mm;稻作区多年平均作物腾发量和土壤蒸发量分别为 603.52 mm 和 255.66 mm。研究区多年作物腾发量和土壤蒸发量统计结果见图 5-10。

5.3.2　初始条件

5.3.2.1　初始地下水埋深和矿化度

结合研究区周边 9 眼省级监测井、研究区内 4 眼省级监测井及新增布设的 11 眼观测井数据,利用 ArcGIS 软件进行 Kriging 插值分析,得到研究区

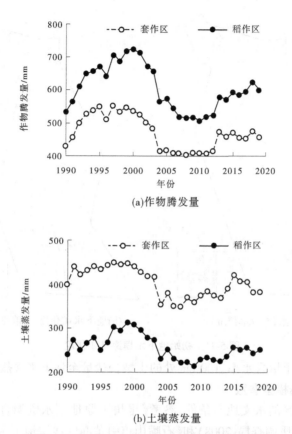

(a)作物腾发量

(b)土壤蒸发量

图 5-10   研究区多年作物腾发量及土壤蒸发量

2019 年 4 月 1 日的地下水位分布等值线图和地下水矿化度等值线图。将实际地下水位数据减去 1 051 m 后得到的相对水位作为耦合模型的初始地下水位,结果见图 5-11。参照地面高程数据的处理方式,将地下水位等值线图、地下水矿化度等值线图、模型网格剖分图叠加后,针对每个网格赋予对应的初始水头和盐分浓度。

5.3.2.2   初始土壤含水率及土壤盐分

分别将 2019 年 4 月 1 日各取样点对应的土壤水分和盐分含量检测数据赋值给 22 个土壤单元体对应的有限元作为初始水盐含量。土壤单元体对应潜水面及以下的土壤水分含量定义为对应土壤的饱和含水率,土壤盐分含量定义为地下水含盐量。当初始地下水埋深大于 1 m 时,针对 1 m 土层至潜水面之间的土壤含水率和盐分含量进行线性插值,插值范围为 100 cm 处的土壤

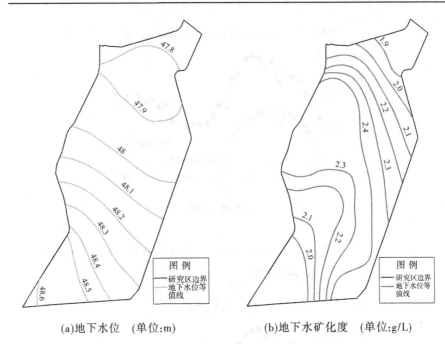

(a)地下水位　(单位:m)　　　　　(b)地下水矿化度　(单位:g/L)

图 5-11　初始地下水埋深及矿化度

含水率至饱和土壤含水率、100 cm 处的土壤含盐量至地下水含盐量。

5.3.2.3　初始模型参数

结合研究区的水文地质条件,参考《银川平原地下水资源合理配置调查评价》(中国地质调查局,2008)和《石嘴山市引黄灌区浅层地下水开发利用项目前期研究》(宁夏水利科学研究院,2018),确定部分水文参数初始值:水平渗透系数 HK = 5.67 m/d,垂向渗透系数 VKA = 5.67 m/d,弹性释水率 S_s = $1.0×10^{-5}$,给水度 μ = 0.068,排泄导水率系数 C_f = 0.24。在溶质运移过程中,由于只考虑线性平衡等温吸附作用,假定溶液中的污染物浓度与被吸附到孔隙介质的污染物浓度到达平衡,选用 Freundlich 等温线方程,取分配系数 ψ = $1.0×10^{-3}$ m^3/kg。

5.3.3　边界条件

5.3.3.1　有效降水量

结合研究区 2019 年 4 月 1 日至 2021 年 3 月 30 日的日值气象数据(最高气温、最低气温、2 m 平均风速、相对湿度、日照时间、饱和水气压等),利用 Penman-Monteith 公式计算研究区的参考作物蒸发蒸腾量。对比分析实际降水量和参考作物蒸发蒸腾量得到有效降水量,结果见表 5-9,将其作为初始气象资料录入 HYDRUS 模块对应的 UNS 程序包。

表 5-9　研究区 2019 年 4 月至 2021 年 3 月有效降水量

年	月	日	降水量/mm	年	月	日	降水量/mm	年	月	日	降水量/mm
2019	4	27	3.70	2020	5	4	1.40	2021	1	4	2.10
2019	5	7	4.77	2020	5	6	7.29	2021	3	20	4.90
2019	5	8	7.11	2020	5	8	1.60				
2019	5	31	1.40	2020	6	8	11.79				
2019	6	12	2.70	2020	6	11	13.95				
2019	6	15	14.76	2020	6	17	2.70				
2019	6	20	5.40	2020	6	22	6.03				
2019	6	22	9.90	2020	6	28	10.98				
2019	6	24	3.40	2020	7	11	2.40				
2019	6	25	10.26	2020	7	25	3.10				
2019	6	26	9.09	2020	8	9	1.20				
2019	6	27	12.33	2020	8	11	9.18				
2019	7	19	2.60	2020	8	12	16.83				
2019	7	28	1.10	2020	8	17	4.77				
2019	8	3	5.58	2020	8	23	5.13				
2019	9	8	3.50	2020	8	29	23.49				
2019	9	9	7.02	2020	8	30	11.34				
2019	9	11	1.10	2020	9	9	2.50				
2019	9	12	4.95	2020	9	13	3.30				
2019	10	6	6.75	2020	9	14	16.11				
2019	10	14	4.40	2020	9	28	7.38				
2019	10	16	1.80	2020	10	2	1.10				
2019	10	23	1.60	2020	10	9	18.45				
2019	11	1	1.30	2020	10	17	6.21				

注:2019 年 4 月 1 日至 2021 年 3 月 30 日期间,表中未列出的其他日期有效降水量为 0。

5.3.3.2 作物腾发量与土壤蒸发量

结合通过 Penman-Monteith 公式计算的研究区 2019 年 4 月 1 日至 2021 年 3 月 30 日的参考作物蒸发蒸腾量,利用作物腾发量及土壤蒸发量计算公式,计算套作区及稻作区的日作物腾发量及日土壤蒸发量。将计算得到的日值作物腾发量及土壤蒸发量作为上边界气象资料录入 HYDRUS 模块对应的 UNS 程序包。

5.3.3.3 灌溉水量

结合研究区各支渠的实际引水资料和各支渠控制的耕地面积,得到套作区和稻作区各灌溉时段的平均灌溉速率分别见表 5-10 和表 5-11。

表 5-10 套作区 2019~2020 年渠灌速率 单位:m/d

分区	2019 年					2020 年				
	5Z	6X	7X	8Z	10X~11Z	5Z	6X	7X	8Z	10X~11Z
A	0.025 8	0.024 0	0.026 6	0.009 5	0.010 5	0.014 7	0.016 4	0.014 4	0.003 6	0.006 1
B	0.033 1	0.048 7	0.037 7	0.004 1	0.015 1	0.014 6	0.020 7	0.016 0	0.003 9	0.006 6
C	0.033 6	0.034 8	0.035 4	0.006 1	0.013 0	0.015 8	0.021 0	0.015 3	0.004 3	0.006 6
D	0.025 6	0.037 1	0.031 5	0.010 4	0.012 0	0.013 6	0.015 9	0.015 9	0.004 1	0.005 9
F	0.036 7	0.049 4	0.035 6	0.005 3	0.015 0	0.014 8	0.016 1	0.015 2	0.004 5	0.005 9
G	0.014 6	0.018 9	0.014 7	0.005 8	0.005 9	0.016 1	0.019 7	0.018 0	0.002 0	0.007 0
H	0.016 7	0.017 8	0.016 4	0.001 6	0.006 8	0.017 3	0.020 0	0.017 3	0.002 4	0.006 9
I	0.015 0	0.017 0	0.018 8	0.002 4	0.006 5	0.016 2	0.019 5	0.018 9	0.003 0	0.006 7

注:"Z"代表中旬,"X"代表下旬,"S"代表上旬。

5.3.3.4 输入盐量

以研究区各支渠的实际引水资料为基础,结合各支渠控制的耕地面积和黄河水在各时段的矿化度,得到各灌溉时段随灌溉向套作区和稻作区的输盐速率分别见表 5-12 和表 5-13。

表 5-11　稻作区 2019~2020 年渠灌速率　　　单位:m/d

分区	2019 年				2020 年			
	5 月	6 月	7 月	8 月	5 月	6 月	7 月	8 月
E	0.008 2	0.007 6	0.005 9	0.006 2	0.008 4	0.006 5	0.005 5	0.005 6
J	0.006 5	0.006 5	0.005 6	0.003 0	0.011 0	0.007 8	0.007 2	0.007 0
K	0.008 4	0.007 8	0.005 5	0.004 4	0.008 2	0.007 0	0.007 1	0.003 8
L	0.009 1	0.007 0	0.007 2	0.005 6	0.008 0	0.008 2	0.006 8	0.004 9
M	0.011 0	0.008 2	0.007 1	0.007 0	0.009 8	0.007 2	0.006 2	0.005 8
N	0.009 3	0.007 2	0.006 8	0.003 8	0.009 1	0.007 0	0.006 1	0.005 4
O	0.008 0	0.007 0	0.006 2	0.004 9	0.008 1	0.007 9	0.007 0	0.004 1
P	0.009 2	0.007 9	0.006 1	0.005 8	0.011 3	0.007 5	0.006 2	0.006 6
Q	0.009 8	0.007 5	0.007 0	0.005 4	0.008 5	0.007 6	0.007 8	0.003 5
R	0.008 5	0.007 6	0.006 2	0.004 1	0.009 2	0.008 1	0.007 5	0.004 9
S	0.011 1	0.008 1	0.007 8	0.006 6	0.008 0	0.007 2	0.007 0	0.005 8
T	0.009 4	0.007 0	0.007 5	0.003 5	0.011 3	0.008 1	0.006 2	0.005 4
U	0.011 3	0.008 3	0.007 4	0.004 9	0.009 4	0.007 0	0.007 8	0.004 1
V	0.008 1	0.007 0	0.006 5	0.003 5	0.006 5	0.008 3	0.007 5	0.006 6

表 5-12　套作区 2019~2020 年灌溉输盐速率　　单位:kg/(m²·d)

分区	2019 年					2020 年				
	5Z	6X	7X	8Z	10X~11Z	5Z	6X	7X	8Z	10X~11Z
A	0.013 0	0.012 1	0.013 4	0.004 8	0.005 3	0.007 4	0.008 3	0.007 3	0.001 8	0.003 1
B	0.016 7	0.024 6	0.019 1	0.002 1	0.007 6	0.007 4	0.010 5	0.008 1	0.001 9	0.003 3
C	0.017 0	0.017 6	0.017 9	0.003 1	0.006 5	0.008 0	0.010 6	0.007 7	0.002 2	0.003 3
D	0.012 9	0.018 8	0.015 9	0.005 2	0.006 0	0.006 9	0.008 0	0.008 0	0.002 1	0.003 0
F	0.018 5	0.024 9	0.018 0	0.002 7	0.007 6	0.007 4	0.008 1	0.007 7	0.002 3	0.003 0
G	0.007 4	0.009 5	0.007 4	0.002 9	0.003 0	0.008 1	0.010 0	0.009 1	0.001 0	0.003 5
H	0.008 4	0.009 0	0.008 3	0.000 8	0.003 4	0.008 7	0.010 1	0.008 7	0.001 2	0.003 5
I	0.007 6	0.008 6	0.009 5	0.001 2	0.003 3	0.008 2	0.009 8	0.009 5	0.001 5	0.003 4

注:"Z"代表中旬,"X"代表下旬,"S"代表上旬。

表 5-13　稻作区 2019~2020 年灌溉输盐速率　单位:kg/(m² · d)

分区	2019 年				2020 年			
	5 月	6 月	7 月	8 月	5 月	6 月	7 月	8 月
E	0.004 1	0.003 8	0.003 0	0.003 1	0.004 3	0.003 3	0.002 8	0.002 8
J	0.003 3	0.003 3	0.002 8	0.001 5	0.005 6	0.003 9	0.003 6	0.003 5
K	0.004 3	0.003 9	0.002 8	0.002 2	0.004 1	0.003 5	0.003 6	0.001 9
L	0.004 6	0.003 5	0.003 6	0.002 8	0.004 0	0.004 2	0.003 4	0.002 5
M	0.005 5	0.004 2	0.003 5	0.003 5	0.005 0	0.003 5	0.003 1	0.002 9
N	0.004 7	0.003 6	0.003 4	0.001 9	0.004 6	0.003 5	0.003 1	0.002 7
O	0.004 0	0.003 5	0.003 1	0.002 5	0.004 1	0.004 0	0.003 5	0.002 1
P	0.004 7	0.004 0	0.003 1	0.002 9	0.005 7	0.003 8	0.003 0	0.003 4
Q	0.005 0	0.003 8	0.003 5	0.002 7	0.004 4	0.003 9	0.003 9	0.001 8
R	0.004 3	0.003 9	0.003 1	0.002 1	0.004 7	0.004 1	0.003 8	0.002 5
S	0.005 6	0.004 1	0.003 4	0.003 4	0.004 7	0.003 9	0.003 1	0.002 9
T	0.004 8	0.003 5	0.003 8	0.001 8	0.005 7	0.004 1	0.003 1	0.002 7
U	0.005 7	0.004 2	0.003 8	0.002 5	0.004 8	0.003 5	0.003 9	0.002 1
V	0.004 1	0.003 6	0.003 3	0.001 8	0.003 3	0.004 2	0.003 8	0.003 4

5.3.4　模型率定

本书结合 2019 年 4 月至 2020 年 3 月的土壤含水率、土壤含盐量、地下水埋深及地下水矿化度监测数据,在土壤水力特性等试验结果的基础上,利用人工试错法对耦合模型的相关参数进行反复调整,直至模型的模拟值与实测值之间具有良好的拟合度。耦合模型参数率定后的土壤含水率、土壤含盐量、地下水埋深、地下水矿化度的模拟值与实测值对比见图 5-12~图 5-15,参数率定效果评价指标见表 5-14 和表 5-15,率定之后的参数见表 5-16 和表 5-17。

套作区典型采样点 20 和稻作区典型采样点 10 的土壤含水率实测值与模拟值随时间变化见图 5-12(a)~(f),套作区和稻作区土壤含水率实测值与模拟值在 6 月、10 月和次年 4 月的空间分布见图 5-12(g)~(i)。从图 5-12 中可以看出,研究区土壤含水率的模拟值与实测值整体吻合较好,能够反映出研究

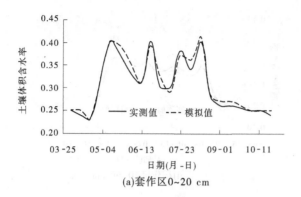

(a)套作区0~20 cm

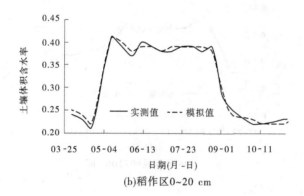

(b)稻作区0~20 cm

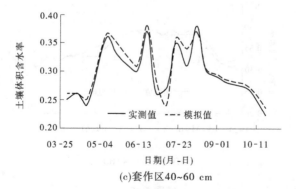

(c)套作区40~60 cm

图 5-12　土壤含水率的实测值与模拟值对比

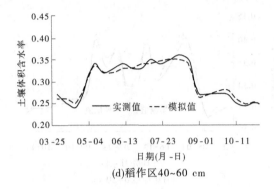

(d)稻作区40~60 cm

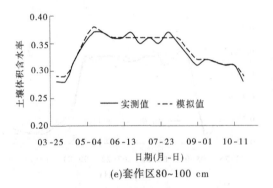

(e)套作区80~100 cm

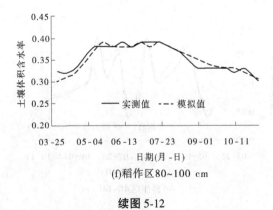

(f)稻作区80~100 cm

续图 5-12

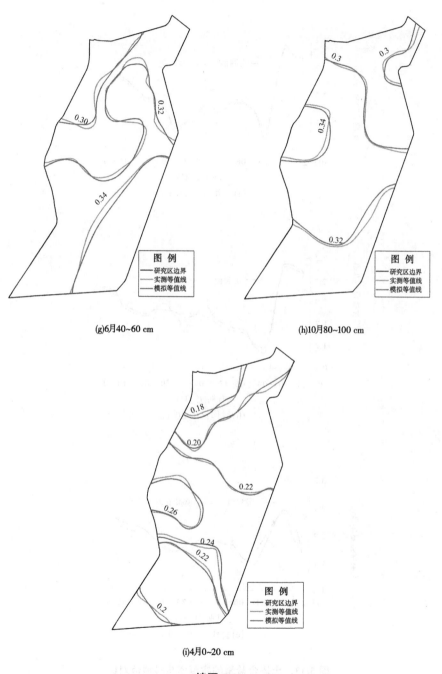

(g)6月40~60 cm

(h)10月80~100 cm

(i)4月0~20 cm

续图 5-12

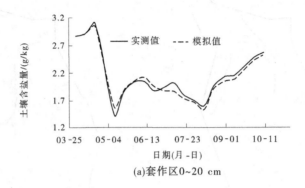

(a)套作区0~20 cm

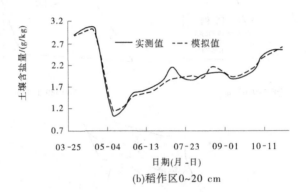

(b)稻作区0~20 cm

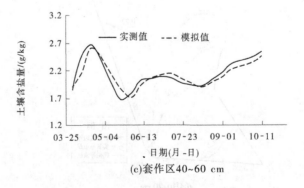

(c)套作区40~60 cm

图 5-13　土壤含盐量的实测值与模拟值对比

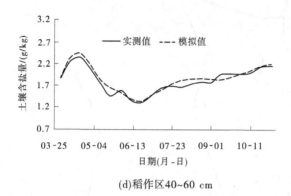

(d)稻作区40~60 cm

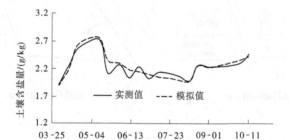

(e)套作区80~100 cm

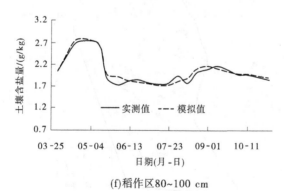

(f)稻作区80~100 cm

续图 5-13

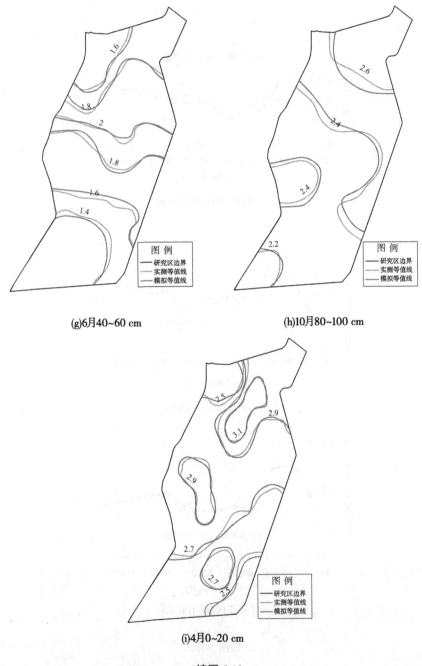

(g)6月40~60 cm   (h)10月80~100 cm

(i)4月0~20 cm

续图 5-13

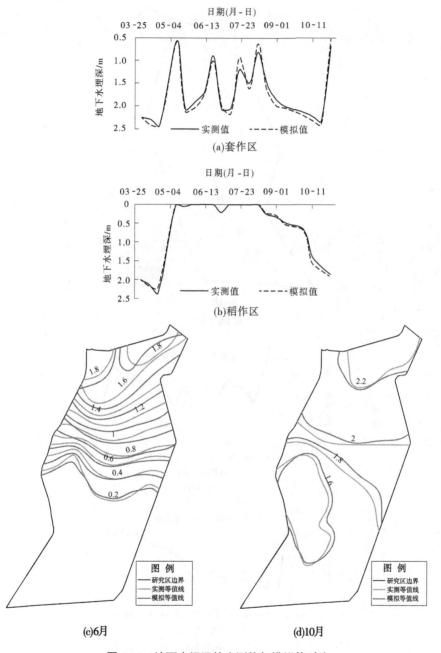

图 5-14　地下水埋深的实测值与模拟值对比

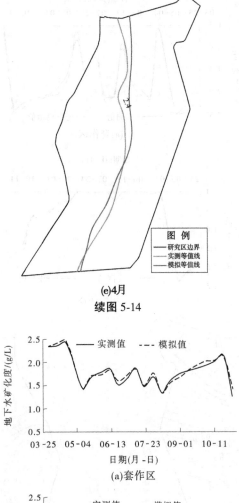

(e)4月

续图 5-14

图 5-15　地下水矿化度的实测值与模拟值对比

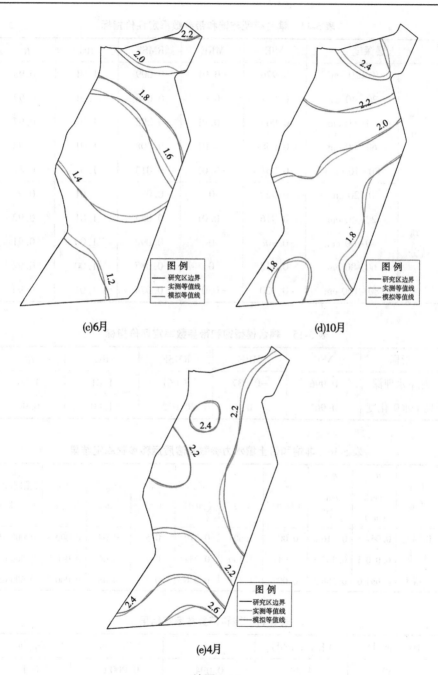

(c)6月

(d)10月

图 例
—— 研究区边界
—— 实测等值线
—— 模拟等值线

(e)4月

续图 5-15

表 5-14　耦合模型非饱和带参数率定评价指标

土层深度		NSE	MRE	RMSE	RC	R^2
土壤水分	0~20 cm	0.976	−0.01	0.009	1.01	0.98
	20~40 cm	0.961	−0.02	0.010	1.01	0.97
	40~60 cm	0.965	−0.01	0.008	1.01	0.97
	60~80 cm	0.958	−0.01	0.008	1.01	0.98
	80~100 cm	0.851	−0.01	0.013	1.01	0.87
土壤盐分	0~20 cm	0.920	0	0.083	1.01	0.92
	20~40 cm	0.916	−0.01	0.084	1.01	0.92
	40~60 cm	0.908	0	0.098	1.00	0.91
	60~80 cm	0.918	0	0.087	1.00	0.92
	80~100 cm	0.920	−0.01	0.074	1.01	0.93

表 5-15　耦合模型饱和带参数率定评价指标

指标	NSE	MRE	RMSE	RC	R^2
地下水埋深	0.996	−0.037	0.061	1.01	1.00
地下水矿化度	0.961	0	0.072	1.00	0.96

表 5-16　非饱和带土壤水力参数及溶质运移参数率定结果

土壤质地	θ_r/ (cm³/cm³)	θ_s/ (cm³/cm³)	α/ (1/m)	n (−)	K_s/ (m/d)	λ (−)	D_{LUS}/ m	D_w/ (m²/d)	吸附系数/ (m³/kg)
粉壤土	0.067 3	0.416 8	0.006	1.604	0.270	0.5	0.07	0.000 3	0.000 05
粉沙	0.030 5	0.367 3	0.041	1.500	0.234	0.5	0.06	0.000 3	0.000 05
沙壤土	0.051 6	0.386 5	0.007	1.358	0.340	0.5	0.08	0.000 3	0.000 05

表 5-17　饱和带参数率定结果

HK/(m/d)	VKA/(m/d)	μ/	S_s/(1/m)	D_{LS}/m
4.39	4.39	0.094	0.000 01	0.1

区土壤含水率受灌溉的显著影响。耦合模型在套作区作物非生育期内对土壤含水率的模拟相对生育期的模拟更接近实测值,这可能是受渠道引水灌溉的影响。在实际农业生产中,农田灌溉的持续时间并不固定,通常在 2 d 内完成,形成地表积水,并在 5~10 d 左右完成下渗,而耦合模型概化每次灌溉的持续时间为 10 d,且灌溉水在 10 d 内持续进入田间,与实际情况存在一定的偏差。耦合模型对稻作区 0~20 cm 和 40~60 cm 土壤含水率的模拟效果较好,但自 8 月下旬开始,80~100 cm 土壤含水率模拟值大于预测值,这可能是因为在 8 月下旬停止灌溉以后,对土壤表面蒸发和水稻腾发量的计算值相对实际值偏小。研究区 6 月、10 月和次年 3 月土壤含水率的模拟等值线和实测等值线的形状和动态过程相似,吻合相对较好,但并未完全贴近。从表 5-14 可知,研究区 0~100 cm 各层土壤含水率的 NSE 均为 0.85 以上,MRE 均为 $-1\%\sim2\%$,$\overline{RMSE/SV}$ 均为 2.3%~3.7%,RC 均为 1.01,R^2 均在 0.87 以上,这说明建立的耦合模型能够较好地反映研究区土壤水分随时间的动态变化,针对土壤含水率的模型参数率定达到了要求。

　　套作区典型采样点 20 和稻作区典型采样点 10 的土壤含盐量实测值与模拟值随时间变化见图 5-13(a)~(f),套作区和稻作区土壤含水率的实测值与模拟值在 6 月、10 月和次年 4 月的空间分布见图 5-13(g)~(i)。由图 5-13 可知,研究区土壤含盐量的模拟值与实测值整体吻合较好;建立的耦合模型能够较好地反映套作区表层土壤盐分受灌溉淋洗的影响。但是套作区和稻作区表层 20 cm 的土壤盐分在 7 月上旬的模拟值明显小于实测值,这可能是因为在 7 月,农户针对农作物进行了施肥,而耦合模型未考虑施肥带入土壤中的盐分影响。研究区 10 月土壤盐分模拟等值线与实测等值线之间的吻合程度相对 6 月和 4 月较差,这可能是由于 10 月作物收割后土壤覆盖度发生变化所致。由表 5-14 可知,研究区 0~100 cm 各层土壤含盐量的 NSE 均在 0.90 以上,MRE 均为 $-1\%\sim0$,$\overline{RMSE/SV}$ 均为 3.5%~5.1%,RC 为 1.0 或 1.01,R^2 均在 0.91 以上,这说明耦合模型针对土壤含盐量的参数率定达到了要求。

　　套作区典型监测井"S 平-13"和稻作区典型监测井"XZ8"的地下水埋深模拟值与实测值随时间变化分别见图 5-14(a)和图 5-14(b),研究区在 6 月、10 月、次年 4 月的空间分布见图 5-14(c)~(e);套作区典型监测井"S 平-13"和稻作区典型监测井"XZ8"的地下水矿化度模拟值与实测值随时间变化分别见图 5-15(a)和图 5-15(b),研究区在 6 月、10 月、次年 4 月的空间分布见

图 5-15(c)~(e)。从图 5-15 中可以看出,研究区地下水埋深和地下水矿化度的模拟值与实测值吻合较好;建立的耦合模型能够较准确地反映地下水埋深和矿化度的动态变化。套作区 6 月下旬、7 月下旬和 8 月上旬的地下水埋深模拟值大于实测值,这可能是由于套作区实际灌溉持续时间小于耦合模型概化的灌溉持续时间所致,灌溉水在更短的时间内完成了下渗。此外,在整个研究区,地下水埋深的实测等值线与模拟等值线在稻作区的吻合程度相对套作区更高,这可能是因为稻作区相对套作区灌溉频率更高,土壤表面长时间处于饱和状态,而套作区灌溉频率低且灌溉持续时间短。套作区和稻作区地下水矿化度实测值与模拟值吻合程度较好,套作区的地下水矿化度模拟值能反映出地下水矿化度对灌溉的动态响应。由表 5-15 可知,研究区地下水埋深和矿化度的 NSE 均在 0.96 以上,MRE 均在 -3.7%~0,RMSE/$\overline{SV}$ 均在 4.3%~9.0%,RC 为 1.0 或 1.01,R^2 在 0.96 以上,这说明耦合模型针对地下水埋深和矿化度的参数率定达到了要求。

5.3.5　模型验证

本书采用 2020 年 4 月至 2021 年 3 月的土壤含水率、土壤含盐量、地下水埋深和地下水矿化度资料对率定后的耦合模型进行验证,参数验证评价指标见表 5-18 和表 5-19。由表 5-18、表 5-19 可以看出,土壤水分、土壤盐分、地下水埋深、地下水矿化度对应的评价指标 NSE 在 0.88 以上,MRE 为 -3%~3.4%,RMSE/$\overline{SV}$ 在 5.6%~12.8%,RC 为 1.0~1.03,R^2 在 0.86 以上,符合要求,率定的耦合模型可以用于模拟土壤水盐和地下水盐的动态规律。

表 5-18　非饱和带参数验证评价指标

	土层深度	NSE	MRE	RMSE	RC	R^2
土壤水分	0~20 cm	0.937	-0.03	0.011	1.02	0.92
	20~40 cm	0.935	-0.01	0.028	1.00	0.93
	40~60 cm	0.918	-0.01	0.047	1.01	0.95
	60~80 cm	0.923	-0.01	0.023	1.03	0.89
	80~100 cm	0.911	-0.02	0.035	1.02	0.91

续表 5-18

土层深度		NSE	MRE	RMSE	RC	R^2
土壤盐分	0~20 cm	0.907	0.02	0.025	1.00	0.95
	20~40 cm	0.932	-0.01	0.017	1.00	0.93
	40~60 cm	0.889	0.03	0.049	1.01	0.92
	60~80 cm	0.905	0.01	0.037	1.00	0.94
	80~100 cm	0.928	-0.02	0.025	1.01	0.95

表 5-19　饱和带参数验证评价指标

指标	NSE	MRE	RMSE	RC	R^2
地下水埋深	0.917	0.034	0.095	1.00	0.91
地下水矿化度	0.887	-0.017	0.074	1.01	0.86

5.4　小　结

本章以现场调研资料和野外监测数据为基础,构建了研究区的水文地质概念模型。在分析 HYDRUS 模型与 MODFLOW 模型耦合的基础上,为避免潜水面处水头突变引起的误差,本章提出水流通量和溶质通量的修正方案。结合 2019 年 4 月至 2021 年 3 月的监测、试验数据,对耦合模型进行了参数率定和验证,进而确定了模型各参数的合理取值。本章主要得出以下结论:

(1)通过对研究区水文地质条件的分析,将非饱和带概化为一维非均质、非稳定土壤水流系统,将饱和带概化为二维均质各向同性非稳定地下水流系统。综合研究区灌排系统、作物种植结构等资料,将研究区划分为 22 个典型区。

(2)通过对模型的空间耦合和时间耦合原理进行分析,针对 MODFLOW 模块每一时间步长后可能出现的土壤单元体剖面水流通量突变现象,基于非饱和带土壤水流运动的 Buckingham-Darcy 通量定律和质量守恒定律,提出在 MODFLOW 模块的每个时间步长后修正土壤单元体剖面的压力水头分布和溶质浓度,以减小潜水面处形成的水位和溶质浓度误差。

（3）结合 ArcGIS 软件对 2019 年 4 月监测的土壤水盐和地下水盐数据进行空间插值并作为耦合模型初始条件，利用 2019 年 4 月至 2020 年 3 月的监测资料对耦合模型的参数进行率定，采用 2020 年 4 月至 2021 年 3 月的监测数据对耦合模型的参数进行验证，结合纳什效率系数、平均相对误差、均方根误差、回归系数和决定系数评价耦合模型的率定和验证效果。率定和验证后的耦合模型可以较好地应用于模拟研究区的土壤含水率、土壤含盐量、地下水埋深和地下水矿化度动态特征。

第6章 基于 HYDRUS-MODFLOW-MT3DMS 模型的多水源农田灌排模式模拟研究

本章以典型研究区为对象,结合率定和验证后的 HYDRUS-MODFLOW-MT3DMS 耦合模型开展相关模拟研究。根据研究区的实际情况,通过设置不同的模拟情境,以 2020 年为基准年,结合耦合模型预测不同情境下的研究区土壤水分、土壤盐分、地下水埋深和地下水矿化度的动态特征。为了满足农业生产的水分需求和防止研究区土壤次生盐渍化,本书通过设置不同水源(渠引黄河水、地下水、农田排水)利用和不同灌排情境,结合耦合模型模拟预测不同水源利用和灌排模式下未来 30 年内的土壤水盐及地下水埋深和矿化度的变化规律,以土壤水盐、地下水盐阈值为约束,提出套作和稻作的适宜水源利用及灌排模式,为研究区农业的可持续发展提供科学依据。

6.1 模拟情境设置

研究区可用于农田灌溉的水资源主要为渠引黄河水、浅层地下水和农田排水,各灌溉水源对应 5~8 月的含盐量和可利用水量均不相同,对应的适宜灌排模式也可能不同。本书假设研究区的作物种植结构不变,综合考虑研究区的黄河引水量约束和灌溉需水状况,以不同水文年套作区和稻作区各时段的理论灌溉需水量为基础,结合宁夏农业用水定额标准,设置不同的模拟情境。根据灌溉水源的不同,可将模拟情境分为 3 类,即现状水源利用模式、黄河水利用模式和多水源联合利用模式。

6.1.1 现状水源利用模式

根据调研资料,结合耦合模型,针对套作区和稻作区现状水源利用及灌排模式下未来 30 年的土壤水盐及地下水盐动态进行预测,分析不同水文年型的土壤水盐和地下水盐变化规律,对灌区的长期农业灌溉活动具有重要指导意义。研究区现状灌溉水源为黄河水,灌溉方式为畦灌,排水方式为常规排水(明沟排水),不同种植结构的灌溉制度见表 6-1。

表 6-1　研究区现状灌溉制度　　　　　　　　　单位:mm

种植结构	5Z	5X	6S	6Z	6X	7S	7Z	7X	8S	8Z	10X
套作	120	0	0	0	85	0	0	90	0	90	150
稻作	180	110		140	100		140	120	110	117	

注:"Z"代表中旬,"X"代表下旬,"S"代表上旬。

6.1.2　黄河水利用模式

罗纨等[120-121]在宁夏银南引黄灌区开展田间试验,控制稻田5月10日至9月5日农沟出口相对沟底抬高0.4 m,研究抬高农沟出口对水稻生育期内土壤盐分的影响,结果表明控制排水措施减小地下排水量达50%,田间湿润程度得到提高,地下水盐分含量增加幅度较小,地表以下农沟沟底深度处形成了一个积盐区,控制排水措施可以促进作物对浅层地下水的利用,从而减少灌溉用水量,降低农田排水可能带来的非点源污染风险。朱金城[122]在江苏省扬州市开展稻田控制排水大田试验,结果表明控制排水相对常规排水提高了降水利用率、节约了灌溉用水量,有效减少了农田氮、磷的输出。李山等[123]针对陕西省关中平原卤泊滩盐碱地改良区采用 DRAINMOD 模型预测控制排水及不同灌溉制度下的耕作层土壤盐分动态变化情况,结果发现在半湿润地区通过调控排水深度,可以充分利用降雨的淋洗功能,同时实现水盐平衡的良性维持和水资源利用效率的提高。

大量针对宁蒙引黄灌区冬灌定额的研究表明,宁蒙引黄灌区适宜的冬灌定额为150~225 mm,而宁夏行业用水定额标准限定冬灌额仅为90 mm。本书结合研究区气象条件,在黄河水利用模式下,以宁夏农业用水定额为基础,针对套作区"畦灌+常规排水"技术制定2种模拟情境,作物生育期内灌溉定额均为405 mm,冬灌定额分别为90 mm 和150 mm。

在银北河西灌区水稻控制灌溉定额标准(1 185 mm)的基础上,结合相关控制排水技术的研究成果,在黄河水利用模式下针对稻作区"控制灌溉+常规排水"技术和"控制灌溉+控制排水"技术各设置2种模拟情境。

根据调研结果,研究区的惠农渠全年行水时间可分为4个时间段,分别为4月下旬至5月下旬、6月中旬至6月下旬、7月中旬至8月中旬、10月下旬至12月上旬。参考当地灌溉制度,拟定黄河水利用模式下套作区作物生育期内

灌溉 4 次,非生育期灌溉 1 次;稻作区在水稻生育期内灌溉 8 次,具体灌溉时
段见表 6-2。

表 6-2　套作区和稻作区灌溉时段

种植区域	5Z①	5X	6S	6Z	6X	7S	7Z	7X	8S	8Z	10X
套作区	√②	○③	○	○	√	○	○	√	○	√	√
稻作区	√	√	○	√	√	○	√	√	√	√	○

注:①表中阿拉伯数字后带大写英文字母代表时段,"Z"代表中旬,"X"代表下旬,"S"代表上旬;
②"√"代表实施灌溉;③"○"代表不实施灌溉。

6.1.3　多水源联合利用模式

渠引黄河水、地下水和农田排水的联合利用模式可分为轮灌模式和混灌
模式。据现场调研结果,在限定渠引黄河水供水时间和供水量的条件下,农户
对轮灌模式的接受程度相对混灌模式更高,且农户对 2 种水源轮灌模式的接
受程度较 3 种水源轮灌模式更高。此外,RHOADES 的研究结果也表明在利
用农田排水灌溉时,轮灌相对混灌更具有操作性[124-125]。

基于农户的用水意愿,综合考虑灌溉的便捷性原则,本书集中研究 2 种水
源轮灌下的多水源联合利用模式。根据研究区主干渠的行水时间和当地作物
的传统灌溉时段,本书拟定套作区和稻作区灌溉水源及灌溉时段见表 6-3。

表 6-3　套作区和稻作区灌溉水源及灌溉时段设置

灌溉时段	套作区	稻作区	灌溉时段	套作区	稻作区
5 月中旬	黄河水	黄河水	7 月上旬		补灌水源
5 月下旬		黄河水	7 月中旬		黄河水
6 月上旬	补灌水源	补灌水源	7 月下旬	黄河水	补灌水源
6 月中旬		补灌水源	8 月上旬		补灌水源
6 月下旬	黄河水	黄河水	8 月中旬	补灌水源	黄河水

注:"补灌水源"代表灌溉时段对应的当地浅层地下水资源或农田排水资源。

在多水源联合利用模式下,以农田排水或者地下水作为补充灌溉水源,本书针对套作区设置3个梯度的黄河水削减比例,分别为5%、10%和15%,套作区灌排方式采取"畦灌+常规排水";针对稻作区设置3个黄河水削减比例,分别为25%、30%和35%,稻作区灌排方式采取"控制灌溉+控制排水"技术。

综合考虑研究区的现状水源利用及灌排模式、主干渠来水时段、作物需水等因素,针对研究区设置的模拟情境见表6-4。

表6-4 黄河水灌溉和多水源联合灌溉下的模拟情境

种植区域	灌排技术	冬灌定额/mm	生育期内农业用水定额削减比例	灌溉水源		
				黄河水	黄河水+地下水	黄河水+农田排水
套作区	畦灌+常规排水	90	0	情境TH1		
		150	0	情境TH2		
			5%		情境TD1	情境TN1
			10%		情境TD2	情境TN2
			15%		情境TD3	情境TN3
稻作区	控制灌溉+常规排水	0	10%	情境DH1		
			20%	情境DH2		
	控制灌溉+控制排水	0	20%	情境DH3		
			25%		情境DD1	情境DN1
			30%	情境DH4	情境DD2	情境DN2
			35%		情境DD3	情境DN3

6.2　现状水源利用及灌排模式下水盐预测研究

本书以 2020 年作为基准年,结合耦合模型预测现状灌溉水源及灌排模式下未来 30 年(2020 年 4 月至 2050 年 3 月)的土壤水盐和地下水盐动态,分析未来第 30 年作物播前和收后的土壤水盐和地下水盐分布规律,研究不同水文年对应的土壤水盐和地下水盐动态,对现状水源利用及灌排模式进行综合评判。

耦合模型各分区对应单位时间内的单位面积灌溉水量采用 2019~2021 年实地调研资料的平均值;黄河水矿化度采用 2019~2020 年现场取样分析的平均值,即 0.505 g/L。由于在当前条件下,尚无法对未来长系列的日值气象数据进行高精度预测,本书将 1990~2020 年的日值气象数据由 2020 年向 1990 年进行逐年逆序倒推,作为 2020~2050 年对应的日值气象资料。作物种植结构参考 2019~2020 年现场调研的种植结构;土壤水分、土壤盐分、地下水埋深及地下水矿化度的初始值采用 2020 年 4 月的取样分析和现场监测数据;农田、渠道、排水沟及道路等地面高程与模型率定期对应高程一致;排水支沟的排水速率采用 2019~2020 年实际监测资料的旬平均值。

6.2.1　土壤水盐及地下水盐预测

6.2.1.1　土壤水盐及地下水盐随时间动态预测

结合率定和验证后的耦合模型模拟预测现状水源利用和灌排模式下未来 30 年研究区的土壤水分含量、土壤盐分含量、地下水埋深和地下水矿化度变化情况。套作区典型采样点 20 和稻作区典型采样点 10 对应的 0~40 cm 土壤水分及盐分随时间动态分别见图 6-1(a)、(b),套作区典型采样点 20 和稻作区典型采样点 10 对应的 40~100 cm 土壤含水率及含盐量随时间动态分别见图 6-1(c)、(d),由图 6-1 可知,在现状黄河水利用及灌排模式下,研究区 0~100 cm 土壤含水率和土壤含盐量呈周期性波动且同时期土壤含盐量与土壤含水率变化趋势相反;未来 30 年内研究区 0~100 cm 土壤水分和土壤盐分处于平衡状态;研究区 0~40 cm 土壤体积含水率为 0.22~0.42,0~40 cm 土壤含盐量为 0.95~3.02 g/kg;研究区 40~100 cm 土壤体积含水率为 0.26~0.42,40~100 cm 土壤含盐量为 1.33~2.95 g/kg;套作区表层 40 cm 土壤含水率小于同时期稻作区 0~40 cm 土壤含水率;套作区 40~100 cm 土壤含水率高于 0~40 cm 土壤含水率。

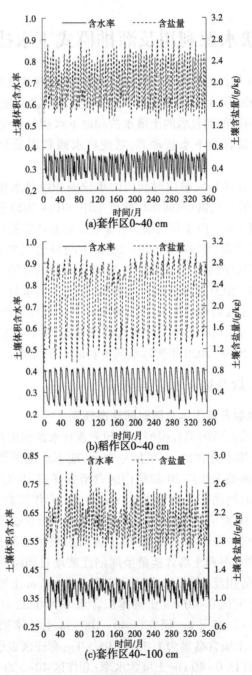

图 6-1 土壤水分及盐分动态

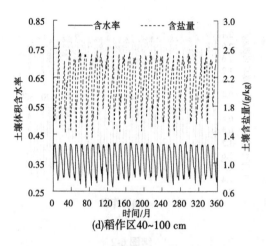

(d)稻作区40~100 cm

续图 6-1

套作区典型监测井"S 平-13"和稻作区典型监测井"XZ8"对应的浅层地
下水埋深及地下水矿化度随时间动态分别见图 6-2(a)、(b),由图 6-2 可知,
套作区和稻作区内的地下水埋深和地下水矿化度呈周期性变化;未来 30 年内
研究区地下水埋深和地下水矿化度维持平衡状态;套作区地下水埋深为 0~
2.83 m;套作区地下水矿化度在 1.22~2.67 g/L 之间波动,而稻作区地下水矿
化度在 0.78~2.61 g/L 之间变化。

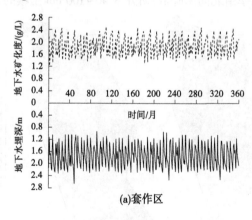

(a)套作区

图 6-2　地下水埋深及矿化度动态

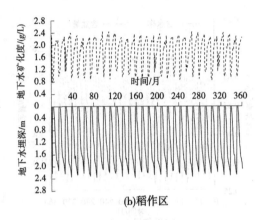

(b)稻作区

续图 6-2

6.2.1.2　土壤水盐及地下水盐空间分布预测

在现状水源利用及灌排模式下,2049 年作物播前(4 月)和收后(10 月)土壤含水率分布规律见图 6-3。由图 6-3 可知,播前昌滂渠以北表层 40 cm 土壤含水率由北向南升高,而昌滂渠以南土壤含水率由北向南降低;昌滂渠以南 40~100 cm 土壤含水率由北向南升高,而 0~40 cm 土壤体积含水率由北向南降低。收后 0~40 cm 土壤相对 40~100 cm 土壤的含水率空间差异性更大;昌滂渠以北 0~40 cm 土壤含水率由北向南降低;研究区 40~100 cm 土壤的含水率由北向南

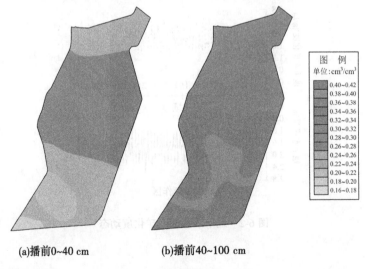

图　例
单位:cm³/cm³
0.40~0.42
0.38~0.40
0.36~0.38
0.34~0.36
0.32~0.34
0.30~0.32
0.28~0.30
0.26~0.28
0.24~0.26
0.22~0.24
0.20~0.22
0.18~0.20
0.16~0.18

(a)播前0~40 cm　　　　(b)播前40~100 cm

图 6-3　土壤含水率分布规律

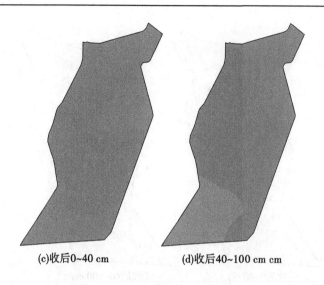

(c)收后0~40 cm　　　　　　　(d)收后40~100 cm cm

续图 6-3

升高。表层土壤受土壤蒸发等因素空间差异性的影响,对应含水率的空间差异
性较大;稻作区相对于套作区的灌溉定额更大,灌溉频次更高,因此在作物生育
期内稻作区 40~100 cm 土壤受灌溉入渗补给量更大,作物收后稻作区 40~100
cm 土壤含水率更高,在研究区的空间上形成由北向南升高的趋势。

根据模拟结果,2049 年作物播前和收后土壤含盐量分布见图 6-4。由

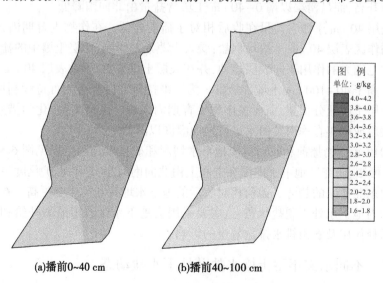

图 例
单位: g/kg

4.0~4.2
3.8~4.0
3.6~3.8
3.4~3.6
3.2~3.4
3.0~3.2
2.8~3.0
2.6~2.8
2.4~2.6
2.2~2.4
2.0~2.2
1.8~2.0
1.6~1.8

(a)播前0~40 cm　　　　　　(b)播前40~100 cm

图 6-4 土壤含盐量分布规律

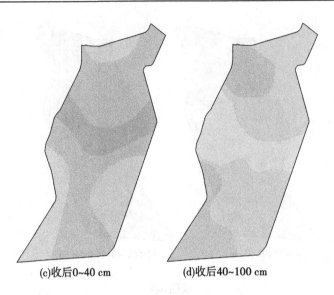

(c)收后0~40 cm　　　　　(d)收后40~100 cm

续图6-4

图6-4可知,昌滂渠以北0~40 cm土壤含盐量在播前由北向南升高,昌滂渠以南0~40 cm土壤含盐量在播前由北向南降低;相同位置,在播前0~40 cm土壤含盐量不低于40~100 cm土壤含盐量。作物收后表层40 cm土壤含盐量高于40~100 cm土壤含盐量;在作物收后昌滂渠以北0~40 cm土壤含盐量由北向南升高,而昌滂渠以南0~40 cm土壤含盐量由北向南降低。

表层40 cm土壤含盐量在收后相对于播前较低。在作物生育期内,套作区和稻作区表层40 cm土壤均积盐;受表土蒸发的影响,深层土壤中的盐分随水分在毛细力的作用下向表层运动,并在表层土壤聚集,导致表层40 cm土壤含盐量高于40~100 cm土壤含盐量。为了维持研究区土壤的可持续利用,减少耕作层土壤盐分积累,需要在作物生育期内采取一系列生物、化学措施,在作物收后或次年春季引黄河水进行地面灌溉以淋盐。

2049年作物播前和收后对应地下水埋深和矿化度预测结果见图6-5。由图6-5可知,研究区地下水埋深在空间上由北向南减小,地下水矿化度呈现由西南向东北递减的趋势。播前相对收后的地下水埋深和矿化度更高。在作物生育期内地下水处于脱盐状态,这主要是因为地下水受农田灌溉补给和降雨补给稀释作用及农田排水排盐效应的影响。

6.2.2　不同水文年型土壤水盐及地下水盐动态

针对由2020年向1990年逐年逆序倒推的气象数据进行有效降水统计分

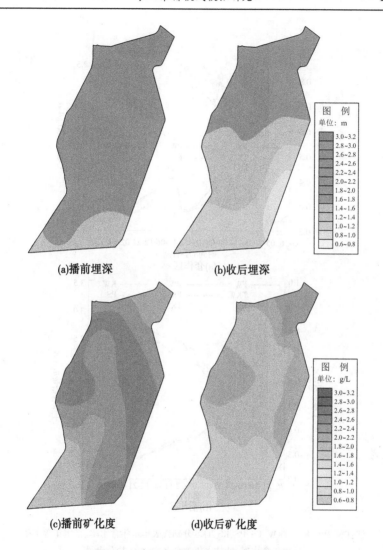

(a)播前埋深　　　　　(b)收后埋深

(c)播前矿化度　　　　(d)收后矿化度

图 6-5　地下水埋深和矿化度分布规律

析,结合皮尔逊Ⅲ型分布曲线选择未来的 2028 年、2026 年、2027 年、2023 年
分别为丰水年、平水年、枯水年和特枯水年的典型代表年。针对研究区表层
40 cm 土壤水分和土壤盐分在典型水文年内动态进行分析,结果见图 6-6。由
图 6-6 可知,不同水文年型下土壤含水率及土壤含盐量变化趋势相同;研究区

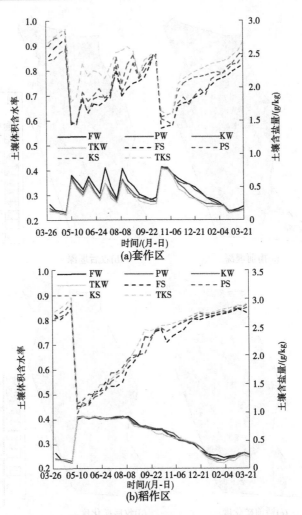

注:FW、PW、KW、TKW、FS、PS、KS、TKS 分别代表丰水年含水率、平水年含水率、
枯水年含水率、特枯水年含水率、丰水年盐分含量、
平水年盐分含量、枯水年盐分含量、特枯水年盐分含量。

图 6-6 不同水文年型表层 40 cm 土壤水分和盐分含量

表层 40 cm 土壤含水率与土壤含盐量变化趋势相反,土壤含盐量随着土壤含
水率的升高而降低;在 5 月中旬至 8 月中旬,稻作区表层 40 cm 土壤含水率为
饱和含水率;套作区特枯水年对应的土壤含水率相对其他水文年型较低,而土
壤含盐量相对其他水文年型对应的土壤含盐量更高;稻作区特枯水年对应的
土壤含水率在 9 月至次年 3 月相对其他水文年型较低,而稻作区特枯水年对

应的土壤含盐量相对其他水文年型更高;丰水年对应的套作区土壤含水率和
土壤含盐量变化幅度相对其他水文年型较大。

　　丰水年、平水年和枯水年对应的土壤含水率和土壤含盐量均未超过对应
的耕作层土壤水分和盐分阈值;特枯水年对应的套作区土壤含盐量在 5 月中
旬至 8 月下旬均超过套作对应的土壤盐分阈值。这表明现状水源利用和灌排
模式不适用于特枯水年的小麦套作玉米种植结构。

　　不同水文年型研究区地下水埋深及矿化度动态变化见图6-7。由图6-7

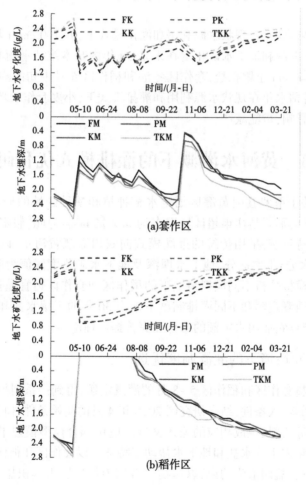

注:FM、PM、KM、TKM、FK、PK、KK、TKK 分别代表丰水年埋深、平水年埋深、枯水年埋深、
特枯水年埋深、丰水年矿化度、平水年矿化度、枯水年矿化度、特枯水年矿化度。

图 6-7　不同水文年型地下水埋深及矿化度

可知,各水文年型内地下水埋深和地下水矿化度变化趋势基本一致;研究区地下水埋深与地下水矿化度变化趋势一致,地下水矿化度随着地下水埋深的降低而减小;5月中旬至8月中旬稻作区地下水埋深为0;稻作区地下水矿化度在5月中旬至次年3月下旬缓慢增加;套作区特枯水年对应的地下水埋深和地下水矿化度相对其他水文年较大,丰水年对应的地下水埋深和地下水矿化度相对其他水文年较小。套作区各水文年型对应的地下水埋深和地下水矿化度均未超过地下水埋深阈值;稻作区对应的地下水矿化度未超过地下水矿化度阈值。

　　以上结果表明,在现状水源利用和灌排模式下,0~100 cm土壤水分、土壤盐分、地下水埋深和地下水矿化度在未来30年内基本维持平衡状态;作物生育期内表层40 cm土壤积盐,套作区冬灌和稻作区5月中旬的泡田灌溉显得十分必要;特枯水年在现状水源利用和灌排模式下,小麦套作玉米种植结构受盐分胁迫的影响,可能减产。

6.3　黄河水灌溉下的灌排模式优化研究

　　根据《关于平罗县引黄灌区划定水稻种植和禁种区域的通知》(平水发〔2019〕61号),平罗县往年超计划用水约0.8亿 m³。为此,假定研究区现状种植结构保持不变,采用传统的渠灌模式向农田灌溉黄河水,以研究区表层40 cm土壤水分、土壤盐分、地下水埋深及地下水矿化度阈值为限定条件,结合耦合模型模拟分析不同模拟情境下的稻作区和套作区适宜灌排制度,预测不同黄河水灌溉定额和不同灌排制度下未来30年的土壤水盐和地下水盐动态,以期为宁夏农业用水定额的修订和完善提供理论参考。

6.3.1　不同情境下的灌溉制度优选

　　通过调整套作区和稻作区5~8月的灌溉定额,得到一系列渠灌制度。根据耦合模型的输入条件,结合研究区2020年4月的初始条件、模型参数、平水年气象条件等资料,生成相应的输入文件。应用耦合模型模拟平水年不同模拟情境下的年内土壤水盐和地下水盐动态特征。以套作区和稻作区的土壤水盐阈值、地下水盐阈值为约束,以作物生育期内耕作层土壤积盐量最少、地下水矿化度最低为目标,优选不同模拟情境下的灌溉制度。具体优选流程见图6-8。

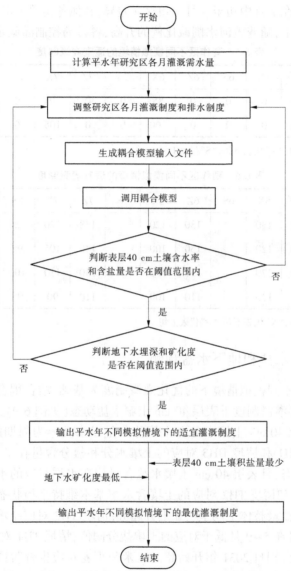

图 6-8　黄河水利用模式下灌溉制度优选流程

　　通过耦合模型的模拟和土壤水盐、地下水盐的对比分析得到平水年不同模拟情境对应的最优灌溉制度见表 6-5 和表 6-6。由表 6-5 可知,情境 TH1 和情境 TH2 在 5 月中旬对应作物生育期内灌水定额的最大值。由表 6-6 可知,稻作区各模拟情境对应 5 月中旬的灌水定额均最高;情境 DH2 和情境 DH3

的灌水定额仅在 7 月中旬至 8 月上旬存在差异,其他各旬灌水定额均相同;在相同灌排模式下,随着黄河水削减比例的升高,各月的控制灌溉定额均降低。

表 6-5　套作区不同模拟情境的适宜灌溉制度　　　单位:mm

模拟情境	5Z	5X	6S	6Z	6X	7S	7Z	7X	8S	8Z	10X
情境 TH1	135	0	0	0	85	0	0	105	0	80	90
情境 TH2	120	0	0	0	100	0	0	105	0	80	150

注:"Z"代表中旬,"X"代表下旬,"S"代表上旬。

表 6-6　稻作区不同模拟情境的适宜灌溉制度　　　单位:mm

模拟情境	5Z	5X	6S	6Z	6X	7S	7Z	7X	8S	8Z	10X
情境 DH1	180	130		130	120		138	120	120	128.5	0
情境 DH2	150	120		130	100		140	105	95	108.0	0
情境 DH3	150	120		130	100		130	110	100	108.0	0
情境 DH4	120	110		110	100		110	90	95	94.5	0

注:"Z"代表中旬,"X"代表下旬,"S"代表上旬。

6.3.2　土壤水盐和地下水盐预测

以平水年不同模拟情境下的优化灌溉制度为基础,结合耦合模型分别模拟未来 30 年各灌溉制度下表层 40 cm 土壤水盐动态(见图 6-9)。由图 6-9 可知,研究区表层 40 cm 土壤水分和土壤盐分呈以水文年为周期的波动状态。稻作区情境 DH1 和情境 DH3 对应的土壤水分和盐分含量在未来 30 年内基本维持平衡状态,且表层 40 cm 土壤水盐含量均在水稻对应的水盐阈值范围内。情境 TH1 和情境 TH2 对应的土壤含水率基本维持平衡状态。情境 TH1对应的土壤含盐量整体上均呈明显上升趋势;情境 TH2 对应土壤盐分含量维持平衡状态,且在 5~9 月低于对应的土壤盐分阈值;情境 TH1 对应的 5~7 月土壤盐分含量分别自 2031 年开始超过玉米和小麦对应生育阶段的根系土壤盐分阈值。稻作区情境 DH2 和情境 DH4 对应的土壤水分含量在未来 30 年内基本维持平衡状态;情境 DH2 和情境 DH4 对应的耕作层土壤含水率分别低于情境 DH1 和情境 DH3 对应的土壤含水率;情境 DH2 和情境 DH4 对应的耕作层土壤含盐量分别高于情境 DH1 和情境 DH3 对应的土壤含盐量,且情境 DH3 相对情境 DH2 对应的土壤含盐量更高。稻作区情境 DH2 和情

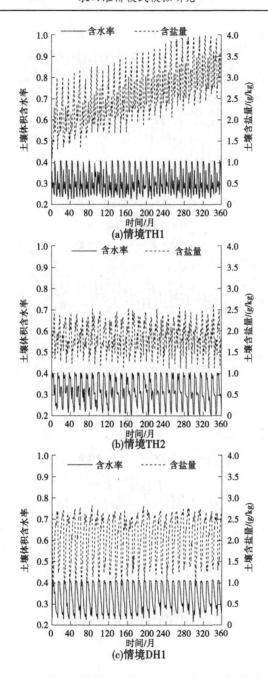

图 6-9　不同模拟情境下表层 40 cm 土壤水分和盐分动态

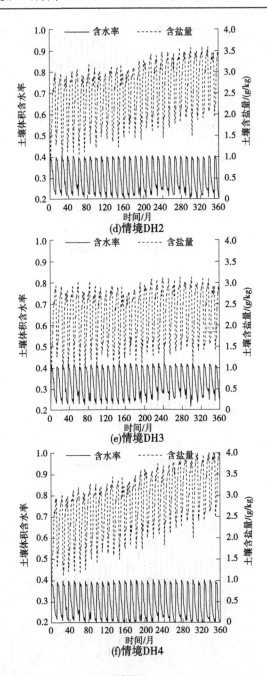

(d)情境DH2

(e)情境DH3

(f)情境DH4

续图 6-9

DH4 对应的土壤盐分含量在未来 30 年内总体上均呈上升的趋势;情境 DH2
和情境 DH4 对应的 2050 年 3 月土壤盐分含量相对 2020 年 4 月土壤盐分含量
分别增加 20.2% 和 46.9%。在稻作区情境 DH2 对应灌溉制度下,2037~2049
年 1~4 月对应的土壤盐分含量超过 3.0 g/kg;稻作区情境 DH4 对应灌溉制度
下,自 2033 年开始对应的 9 月土壤盐分含量超过水稻盐分阈值,自 2027 年开
始对应的 1~4 月土壤盐分含量大于 3.0 g/kg。

　　上述结果表明,灌溉定额越大,耕作层土壤含水率越高,表层土壤含盐量
越低。情境 TH1 对应的冬灌定额(60 m³/亩)无法满足套作生育期内表层 40
cm 土壤累积盐分的充分淋洗要求,多年灌溉会导致土壤次生盐碱化;在宁夏
银北引黄灌区,100 m³/亩的冬灌定额可以有效淋洗套作生育期内积累的盐
分,防止土壤次生盐碱化。稻作区情境 DH1 和情境 DH3 对应的灌排模式满
足水稻根系对耕作层土壤水分和盐分的要求,且在未来 30 年内不会导致土壤
产生次生盐碱化。

　　结合平水年优选的灌溉制度,通过耦合模型预测未来 30 年不同情境下地
下水埋深和地下水矿化度动态变化见图 6-10。由图 6-10 可知,研究区地下水
埋深和地下水矿化度呈以水文年为周期的波动状态。各模拟情境对应的地下
水埋深和地下水矿化度在未来 30 年内基本维持平衡状态,且在对应时段的地
下水埋深和地下水矿化度阈值范围内。情境 TH1 相对情境 TH2 对应的地下
水埋深和地下水矿化度更高。稻作区随着灌溉定额的减少,地下水矿化度增
加,8 月至次年 4 月对应的地下水埋深增加。

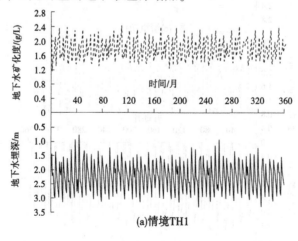

图 6-10　不同模拟情境下地下水埋深和矿化度动态

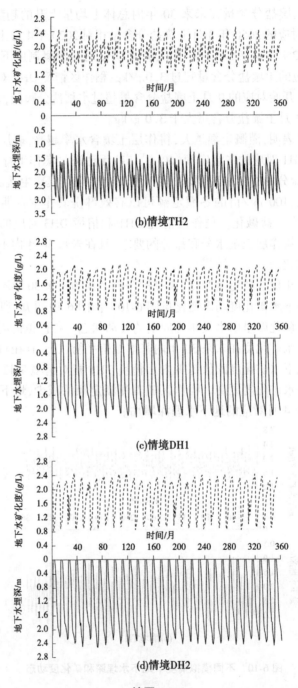

(b)情境TH2

(c)情境DH1

(d)情境DH2

续图 6-10

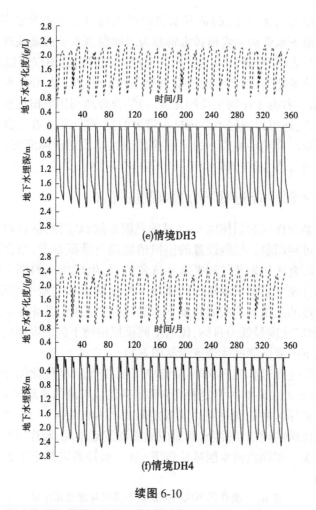

(e)情境DH3

(f)情境DH4

续图 6-10

　　宁夏银北河西灌区冬灌定额有待提高,模拟分析表明,在"畦灌+常规排水"模式下,冬灌定额 100 m³/亩可以满足套作区表层土壤盐分淋洗要求。结合"常规排水+常规灌溉"技术,宁夏银北河西灌区的水稻控制灌溉定额标准可削减 10%,结合"常规排水+控制灌溉"技术,宁夏银北河西灌区的水稻控制灌溉定额标准可削减 20%。

6.4　多水源利用下的灌排模式优化研究

　　研究区现状农业用水主要为黄河水,灌溉水源单一。随着银北引黄灌区农业种植面积的增加,有限的黄河水资源已无法满足日益增长的灌溉需求。灌区丰富的地下水资源和农田排水资源为缓解灌溉水资源紧缺现状提供了可能。大量研究表明,合理开采浅层地下水用于农田灌溉不仅可以满足作物需水和表层土壤脱盐需求,还有助于促进地下水的更新。农田排水中通常含有一定的氮、磷等有助于作物生长的元素,科学合理地利用农田排水既可以满足农田灌溉需要,还可以减轻不合理排水带来的氮、磷污染。在宁夏银北引黄灌区研究多水源联合利用模式下的适宜灌排调控模式对保障灌区农业生产、提高水资源利用效率、减轻氮磷面源污染等具有重要意义。

6.4.1 多水源联合利用下的灌溉制度优选

通过调整套作区和稻作区5~8月的黄河水灌溉定额,估算对应的地下水和农田排水可利用量。根据设置的模拟情境调整灌溉制度,结合耦合模型的率定参数及研究区初始条件和平水年气象资料,生成相应的耦合模型输入文件。应用耦合模型模拟平水年不同情境下的土壤水盐和地下水盐动态,以作物各生育阶段的土壤水盐阈值和地下水盐阈值为约束,以耕作层土壤积盐量最少、地下水矿化度最低为目标,优选不同模拟情境下的灌溉制度。多水源联合利用模式下的灌溉制度优选流程见图6-11。

针对套作区和稻作区不同模拟情境下的灌溉制度优化结果见表6-7和表6-8。从表6-7、表6-8中可以看出,套作区各情境对应的灌溉定额为500.75~540.25 mm,稻作区各情境对应的灌溉定额为1 140.25~1 218.75 mm。随着黄河水削减比例的增加,补灌水源对应的灌溉定额增加,套作区和稻作区全年灌溉定额减少。相同黄河水削减比例下,地下水补灌定额小于农田排水对应的补灌定额。

表6-7 套作区不同模拟情境下灌溉制度优化结果 单位:mm

情境	5Z	5X	6S	6Z	6X	7S	7Z	7X	8S	8Z	10X
情境 TD1	120	0	35	0	120	0	0	80.25	0	30	150
情境 TD2	110	0	40	0	115	0	0	70.5	0	30	150
情境 TD3	100	0	45	0	100	0	0	70.75	0	35	150
情境 TN1	125	0	40	0	115	0	0	80.25	0	30	150
情境 TN2	115	0	45	0	110	0	0	70.5	0	35	150
情境 TN3	100	0	50	0	100	0	0	70.75	0	35	150

注:"Z"代表中旬,"X"代表下旬,"S"代表上旬。

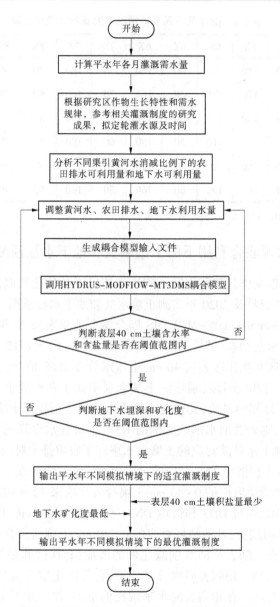

图 6-11　多水源联合利用下灌溉制度优选流程

表 6-8　稻作区不同模拟情境下灌溉制度优化结果　　　单位:mm

情境	5Z	5X	6S	6Z	6X	7S	7Z	7X	8S	8Z	10X
情境 DD1	180	180	80	40	180	50	180	70	40	168.75	0
情境 DD2	180	170	90	40	160	70	160	80	40	159.5	0
情境 DD3	170	150	100	50	150	70	150	100	50	150.25	0
情境 DN1	180	180	110	50	180	60	180	80	30	168.75	0
情境 DN2	180	160	120	60	170	75	170	80	30	149.5	0
情境 DN3	170	160	130	60	160	80	160	85	40	120.25	0

注:"Z"代表中旬,"X"代表下旬,"S"代表上旬。

6.4.2　多水源联合利用下的土壤水盐和地下水盐预测

本书分别以套作区和稻作区不同模拟情境下的优化灌溉制度为基础,结合近30年气象资料及2020年实测土壤水盐和地下水盐数据,采用率定、验证后的 HYDRUS-MODFLOW-MT3DMS 耦合模型预测未来30年表层40 cm土壤水盐和地下水盐动态,结果见图6-12和图6-13。由图6-12可知,不同模拟情境下的套作区和稻作区表层40 cm土壤水分在未来30年内基本维持平衡状态。在5~8月相同时段,稻作区土壤含水率高于套作区土壤含水率;而在11月至次年1月相同时段,套作区土壤含水率高于稻作区土壤含水率。在套作区或稻作区,随着黄河水削减比例的增加,土壤含水率降低;在相同黄河水削减比例下,地下水补灌对应的土壤含水率高于农田排水对应的土壤含水率。套作区情境 TD3 和情境 TN3 对应的表层40 cm土壤盐分在未来30年内呈上升的趋势;其他情境对应的0~40 cm土壤盐分在未来30年内维持平衡状态。稻作区情境 DD2、情境 DD3 和情境 DN3 对应的表层40 cm土壤盐分在未来30年内呈上升的趋势;其他情境对应的0~40 cm土壤盐分含量在未来30年内维持平衡状态。随着黄河水削减比例的增加,套作区和稻作区表层40 cm土壤盐分含量升高。相同补灌水源条件下,套作区土壤含盐量随黄河水削减比例的增加而升高。在相同黄河水削减比例下,套作区地下水补灌对应的土壤含盐量低于农田排水对应的土壤含盐量;当稻作区黄河水削减比例为25%和30%时,地下水补灌对应的土壤含盐量低于农田排水对应的土壤含盐量;而当黄河水削减比例为35%时,自2032年6月开始稻作区地下水补灌对应的土壤含盐量高于农田排水补灌对应的土壤含盐量。套作区情境 TD1、情境

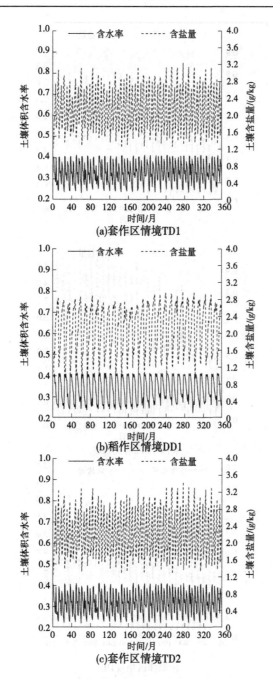

图 6-12　不同模拟情境下的土壤水分和盐分动态

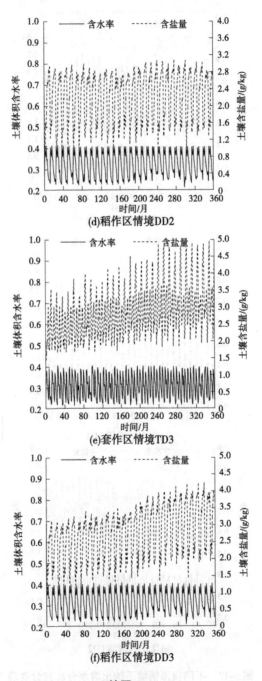

(d)稻作区情境DD2

(e)套作区情境TD3

(f)稻作区情境DD3

续图 6-12

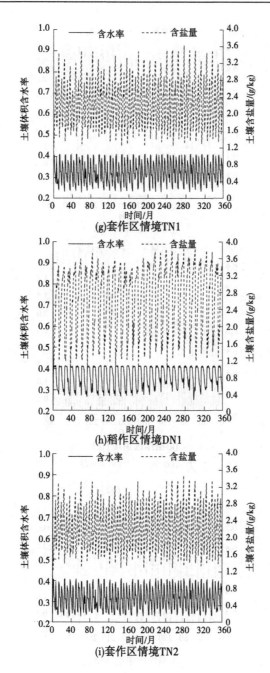

(g)套作区情境TN1

(h)稻作区情境DN1

(i)套作区情境TN2

续图 6-12

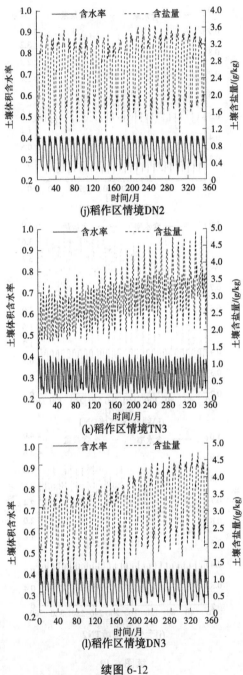

(j)稻作区情境DN2

(k)稻作区情境TN3

(l)稻作区情境DN3

续图 6-12

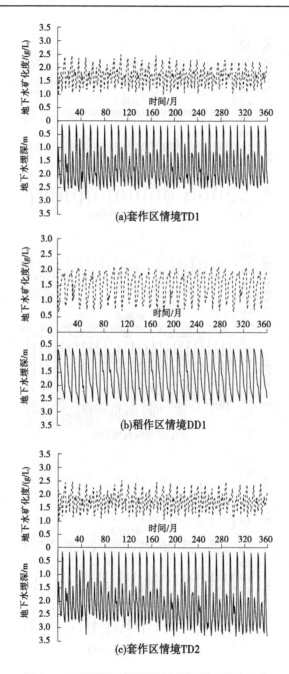

(a)套作区情境TD1

(b)稻作区情境DD1

(c)套作区情境TD2

图 6-13　不同模拟情境地下水埋深及矿化度动态

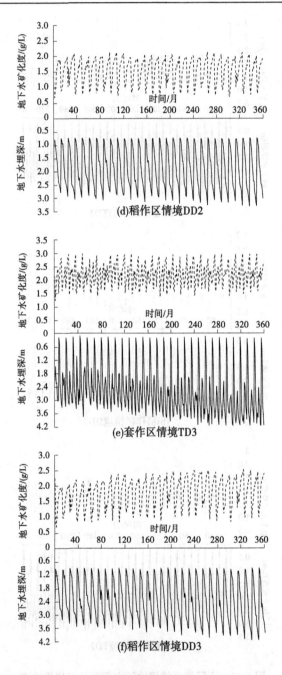

(d)稻作区情境DD2

(e)套作区情境TD3

(f)稻作区情境DD3

续图6-13

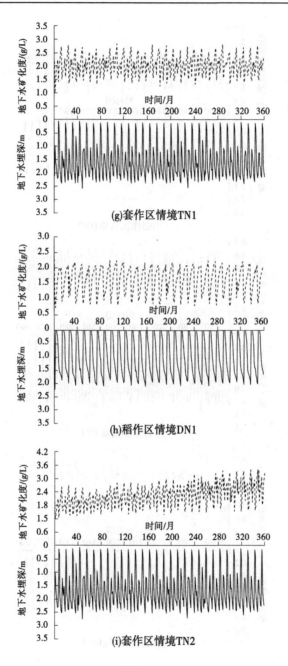

(g)套作区情境TN1

(h)稻作区情境DN1

(i)套作区情境TN2

续图 6-13

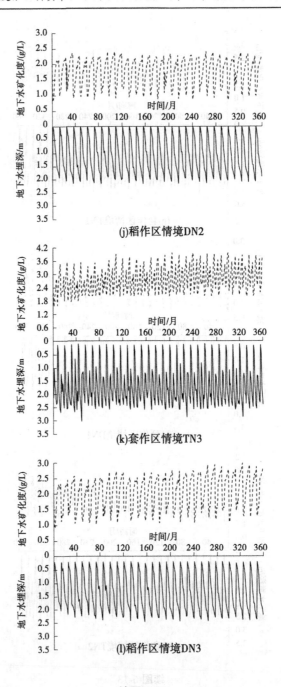

(j)稻作区情境DN2

(k)套作区情境TN3

(l)稻作区情境DN3

续图 6-13

TD2、情境 TN1、情境 TN2 对应的表层 40 cm 土壤含盐量变化范围为 1.212～
3.496 g/kg,在 5 月、6～7 月、8～9 月对应的表层 40 cm 土壤含盐量分别低于
1.5 g/kg、2.0 g/kg、2.5 g/kg,符合套作区作物生育期内土壤盐分的阈值要
求。套作区情境 TD3 和情境 TN3 对应的 0～40 cm 土壤含盐量变化范围为
1.452～4.994 g/kg,自 2027 年 5 月开始情境 TD3 对应的套作区 0～40 cm 土
壤含盐量超过阈值;自 2025 年 5 月开始情境 TN3 对应的套作区 0～40 cm 土
壤含盐量超过阈值。稻作区情境 DD1、情境 DD2、情境 DD3、情境 DN1 和情境
DN2 对应的表层 40 cm 土壤含盐量未超过土壤盐分阈值范围。稻作区情境
DN3 对应的表层 40 cm 土壤含盐量自 2032 年开始 8～9 月的土壤含盐量超过
2.5 g/kg,此外,自 2038 年开始 1～4 月土壤含盐量高于 4.0 g/kg。

　　由图 6-13 可知,套作区情境 TD2 和情境 TD3 对应的地下水埋深在未来
30 年内整体呈增加趋势;情境 TN2 和情境 TN3 对应的地下水矿化度在未来
30 年内整体上呈上升趋势;套作区情境 TD1 和情境 TN1 对应的地下水埋深
和地下水矿化度在未来 30 年内维持平衡状态。稻作区情境 DD3 和情境 DN3
对应的地下水埋深在未来 30 年内整体上呈上升趋势,稻作区其余情境对应的
地下水埋深在未来 30 年内维持平衡状态。相同补灌水源条件下,随着套作区
和稻作区黄河水削减比例的增加,地下水埋深增加,地下水矿化度升高;在相
同黄河水削减比例下,地下水补灌相对农田排水补灌对应的地下水埋深更大。
套作区各模拟情境对应的地下水埋深和地下水矿化度变化范围分别为
0.012～4.193 m 和 0.973～3.947 g/L,稻作区各模拟情境对应的地下水埋深
和地下水矿化度变化范围分别为 0～4.164 m 和 0.65～2.974 g/L。套作区情
境 TD1、情境 TD2、情境 TN1、情境 TN2 对应的地下水矿化度均小于 3.0 g/L。
套作区情境 TD3 对应地下水矿化度自 2024 年 1 月开始大于 2.0 g/L。稻作区
各模拟情境对应地下水矿化度在 5～9 月均小于 2.0 g/L。

　　多水源联合利用模式下,地下水或农田排水的补灌定额随黄河水灌溉定
额的减小而增大。通过对各优化灌溉制度在未来 30 年内土壤水盐和地下水
盐的预测结果进行分析,地下水或农田排水补灌模式下,黄河水灌溉量在宁夏
套作的畦灌定额标准上削减 5%或 10%对应的优化联合灌溉制度适用于套作
区;黄河水灌溉量在宁夏水稻控制灌溉定额标准上削减 25%或 30%对应的优
化联合灌溉制度适用于稻作区。农田排水补灌相对地下水补灌更容易导致表
层土壤次生盐碱化。开采地下水灌溉的同时实现了“竖井排水”,即地下水系
统通过灌溉井向地表进行排水,因此地下水补灌相对农田排水补灌降低了地
下水埋深和地下水矿化度,促进了地下水的更新。

模拟情境 TD1 和情境 TN1 相对宁夏农业用水定额标准减少 5%；情境 TD2 和情境 TN2 相对宁夏农业用水定额标准减少 10%。在情境 TD1 和情境 TD2 下套作井灌水量与渠灌水量之比分别为 0.138 和 0.157；在情境 TN1 和情境 TN2 下套作排水补灌水量与黄河水灌溉量之比分别为 0.149 和 0.180。

模拟情境 DD1 和情境 DT1 对应的黄河水灌溉定额相对宁夏农业用水定额标准减少 25%；情境 DD2 和情境 DT2 对应的黄河水灌溉定额相对宁夏农业用水定额标准减少 30%。在情境 DD1 和情境 DD2 下，稻田的地下水补灌水量与渠灌水量之比分别为 0.315 和 0.386；在情境 DN1 和情境 DN2 下，稻田的排水补灌水量与渠灌水量之比分别为 0.371 和 0.440。

孙骁磊[7]在宁夏惠农灌区通过构建地表水和地下水耦合模型和线性规划模型进行优化配置，以农田灌溉缺水量最小为目标得到最优地下水和渠水供水比值为 0.442。林琳[8]在宁夏惠农渠井渠结合灌区通过搭建渠井用水优化配置模型，结合 Visual MODFLOW 模型得到地下水和渠水的最优用水比为 0.476。本书中套作区和稻作区的地下水和农田排水补灌水量与对应的黄河水灌溉量之比均小于孙骁磊[7]和林琳[8]的最优渠井用水比，结果合理。

结合"畦灌+常规排水"技术，在地下水或农田排水与黄河水联合利用模式下，套作区可在现状灌溉制度下节约黄河水量 178.28 万 m^3/年。结合"控制灌溉+控制排水"技术，在地下水或农田排水与黄河水联合利用模式下，稻作区可在现状灌溉制度下节约黄河水量 963.56 万 m^3/年。

6.5　小　结

本章以 2020 年为基准年，结合灌区实际情况，设置不同的模拟情境，采用率定和验证后的 HYDRUS-MODFLOW-MT3DMS 耦合模型预测未来 30 年不同情境下的土壤水盐和地下水盐动态特征，以土壤水盐和地下水盐阈值为约束，以耕作层土壤积盐量最少和地下水矿化度最低为目标，优选套作和稻作结构下适宜的灌溉制度。本章主要得出以下结论：

（1）在现状灌排模式下，未来 30 年土壤水盐和地下水盐基本处于平衡状态；在现状灌排模式下，不同水文年型土壤水盐和地下水盐的模拟结果表明，作物生育期内表层 40 cm 土壤积盐，有必要在套作区进行冬灌淋盐；套作区和稻作区的现状灌排模式仅适用于丰水年、平水年和枯水年，在特枯水年对应的气候条件下，小麦套作玉米种植结构会受到土壤盐分胁迫的影响，可能减产。

（2）在"黄河水畦灌+常规排水"模式下，宁夏银北河西灌区的冬灌定额标准(60 m^3/亩)无法满足充分淋洗表层土壤盐分的要求,建议提高至 100 m^3/亩;在"控制灌溉+常规排水"模式下,宁夏银北河西灌区的水稻控制灌溉定额标准可削减 10% 至 1 066.5 mm;在"控制灌溉+控制排水"模式下,水稻控制灌溉定额标准可削减 20% 至 948 mm。

　　(3)在地下水或农田排水与黄河水联合利用模式下,结合"畦灌+常规排水"技术,套作区的黄河水灌溉量可在畦灌定额标准基础上削减 10%。结合"控制灌溉+控制排水"技术,在地下水或农田排水与黄河水联合灌溉模式下,稻作区的黄河水灌溉量可在控制灌溉定额标准基础上削减 30%。

第7章 结 语

7.1 主要结论

本书以宁夏银北引黄自流灌区五一支沟的控制排水区域为研究对象,在现场调研、定点监测试验的基础上,分析了不同种植结构下的土壤水盐和地下水盐动态特征,结合相关性分析建立了土壤盐分与土壤含水率和地下水埋深的回归方程;在现场调研的基础上,针对研究区构建了水盐均衡模型和不同灌溉水源适宜性评价指标体系,结合监测试验资料进行了水盐均衡分析和地下水与农田排水的灌溉适宜性分析;结合研究区水文地质条件构建了概念模型和数值模型,并耦合土壤水动力学模型 HYDRUS,建立了研究区土壤非饱和带-饱和带的 HYDRUS-MODFLOW-MT3DMS 耦合模型,结合研究区土壤水盐、地下水盐监测试验数据对耦合模型进行了率定和验证;结合灌区实际情况,以 2020 年为基准年,综合考虑研究区农业用水现状和未来发展,设置不同的模拟情境,以土壤水盐和地下水盐阈值为约束,以土壤积盐量最小和地下水矿化度最小为目标,结合率定和验证后的 HYDRUS-MODFLOW-MT3DMS 耦合模型优选不同情境下的平水年适宜灌溉制度,预测不同情境优选灌溉制度下未来 30 年的土壤水盐和地下水盐变化情况,分析提出不同种植结构下的适宜水源利用和灌排方案。本书主要研究内容和结论如下:

(1)作物生育期内土壤水盐、地下水盐动态及相关关系研究。研究区土壤水分、土壤盐分、地下水埋深和地下水矿化度在 5~8 月随农田灌溉而波动。套作区 0~40 cm 和稻作区 0~20 cm 土壤含盐量与对应的含水率和地下水埋深分别呈乘幂函数关系和指数函数关系,R^2 均大于 0.85。

(2)不同灌溉水源适宜性分析及研究区的节水潜力分析。综合考虑灌溉水源可供应量、灌溉水供应及时程度、提水能耗费等因素,构建不同灌溉水源适宜性评价指标体系;针对传统模糊综合评价法进行修正后,结合 2019 年 4月至 2021 年 3 月的监测资料对各时段的地下水和农田排水灌溉适宜性进行分析,结果表明套作区和稻作区 5~8 月的地下水和农田排水均适宜灌溉。结合作物系数法和水量平衡法计算不同水文年套作区和稻作区各时段的理论灌溉需水量,结合种植面积折算得到现状灌溉模式相对理论灌溉需水量的节水潜力为 1 152.24 万 m³/年,宁夏农业用水定额标准模式相对理论灌溉需水量的节水潜力为 1 935.88 万 m³/年。

(3)HYDRUS-MODFLOW-MT3DMS 耦合模型的构建。根据研究区的水文地质条件,将非饱和带概化为一维非均质非稳定土壤水流系统,将饱和带概化为二维均质各向同性非稳定地下水流系统。综合研究区灌溉渠道、排水沟道系统和作物种植结构等资料,采用耦合模型与 GIS 相结合的方法,将研究区在水平方向上划分为 22 个小区、30 580 个有效正方形网格,每个小区对应的 1 个土壤单元体,每个土壤单元体在垂直方向上被剖分为 96 个有限元。基于 Buckingham-Darcy 通量定律提出耦合模型土壤剖面的压力水头分布修正方案,基于质量守恒定律提出耦合模型的溶质浓度修正方案。以土壤水盐和地下水盐监测数据为基础,利用 ArcGIS 软件中的 Kring 插值模块得到模型的初始条件,以宁夏银北引黄灌区既往研究中的水文地质参数为初始模型参数,结合 2019 年 4 月至 2021 年 3 月的监测资料对模型参数进行率定和验证,得到各层土壤含水率在率定期和验证期 NSE 高于 0.851,MRE 为 $-0.03 \sim -0.01$,RMSE 低于 0.047,RC 为 $1.0 \sim 1.03$,R^2 高于 0.87;各层土壤含盐量在率定期和验证期 NSE 高于 0.889,MRE 为 $-0.03 \sim 0$,RMSE 低于 0.098,RC 为 $1.0 \sim 1.01$,R^2 高于 0.92;地下水埋深在率定期和验证期 NSE 高于 0.917,MRE 为 $-0.037 \sim 0.034$,RMSE 低于 0.095,RC 为 $1.0 \sim 1.01$,R^2 高于 0.91;地下水矿化度在率定期和验证期 NSE 高于 0.887,MRE 为 $-0.017 \sim 0$,RMSE 低于 0.074,RC 为 $1.0 \sim 1.01$,R^2 高于 0.86。经率定和验证后的耦合模型可以较好地模拟研究区土壤水盐和地下水盐动态。

(4)现状灌溉水源利用及灌排模式下的水盐动态预测。在现状灌排模式下,作物生育期内表层 40 cm 土壤积盐,但未来 30 年的土壤水盐和地下水盐处于平衡状态。在丰水年、平水年和枯水年,现状水源利用及灌溉模式对应的土壤水盐和地下水盐维持均衡状态,但在特枯水年对应的气候条件下,小麦套作玉米种植结构会受到土壤盐分胁迫的影响,可能减产。

(5)不同黄河水利用及灌排模式下的水盐动态模拟及灌溉制度优选。模拟结果表明,在"黄河水畦灌+常规排水"模式下,宁夏的冬灌定额标准(60 m³/亩)无法满足充分淋洗表层土壤盐分的要求,多年灌溉后会导致土壤次生盐碱化,冬灌定额 100 m³/亩可以有效淋洗表层土壤积累的盐分;在稻作"控制灌溉+常规排水"模式下,水稻控制灌溉定额标准可削减 10%;在稻作"控制灌溉+控制排水"模式下,水稻控制灌溉定额标准可削减 20%。

(6)不同水源联合利用下的水盐动态模拟及灌溉制度优选。在地下水或农田排水与黄河水联合利用模式下,结合"畦灌+常规排水"技术,套作区的黄河水灌溉量可在现状畦灌定额标准的基础上削减10%;结合"控制灌溉+控制排水"技术,在地下水或农田排水与黄河水联合利用模式下,稻作区的黄河水灌溉量可在控制灌溉定额标准的基础上削减30%。

综合考虑不同模拟情境下的土壤水盐和地下水盐动态特征,本文认为在黄河水灌溉模式下的套作区冬灌定额不宜低于100 m³/亩,建议小麦套种玉米生育期内灌溉4次,"畦灌+常规排水"模式对应的灌溉定额宜保持270 m³/亩;在黄河水灌溉模式下水稻种植的适宜灌排模式为"控制灌溉+控制排水"模式,5月中旬至8月中旬根据惠农渠来水规律灌溉8次,灌溉定额不宜低于632 m³/亩。研究区5~8月的浅层地下水和农田排水均适宜用于补充灌溉,在"畦灌+常规排水"模式下,建议套作区作物生育期内灌溉黄河水3次(197 m³/亩),地下水补灌2次(47 m³/亩)或农田排水补灌2次(53 m³/亩),作物非生育期内灌溉黄河水1次(100 m³/亩);在"控制灌溉+控制排水"模式下,建议水稻生育期内黄河水灌溉5次(553 m³/亩),地下水补灌5次(213 m³/亩)或农田排水补灌5次(243 m³/亩)。

7.2 主要创新点

本书主要创新点如下:

(1)综合考虑灌溉水供应及时程度、提水能耗费、水温等指标,构建了不同灌溉水源适宜性评价指标体系,并提出在应用传统模糊综合评价法计算各评价指标隶属度之前增加指标值与对应指标控制阈值的判定过程,避免权重计算失真。

(2)针对HYDRUS-MODFLOW-MT3DMS耦合模型中因MODFLOW模块与HYDRUS模块时间步长不一致而导致的土壤单元体压力水头和溶质浓度计算精度较低的情况,基于Buckingham-Darcy通量定律和质量守恒定律,提出在MODFLOW模块每个时间步长后的土壤单元体剖面压力水头分布和溶质浓度修正方案。

(3)在黄河水利用和多水源联合利用模式下,结合率定、验证后的耦合模型研究不同水源利用模式下的水盐动态特征,以土壤水盐和地下水盐阈值为约束,分别提出套作区"畦灌+常规排水"技术、稻作区"控制灌溉+常规排水"技术和"控制灌溉+控制排水"技术对应的适宜灌溉模式。

7.3 不足与展望

影响研究区土壤水盐和地下水盐的因素较多,为了实现宁夏银北引黄灌区农业高效节水、土壤盐渍化防治、作物稳产的目标,还需要进行深入研究。本书还存在以下不足:

(1)宁夏银北灌区水稻种植面积较大,种植结构的调整存在较大的节水潜力。由于平罗县水务局出台了《关于平罗县引黄灌区划定水稻种植和禁种区域的通知》(平水发〔2019〕61 号),划定了水稻的禁种区域,因此本文未考虑不同种植结构比例下的黄河水灌溉节水潜力及效益。在未来研究中,可以考虑扩大研究区域,增加套作与稻作不同种植比例下的节水灌排模式,为相关单位合理划定水稻种植区域提供参考。

(2)本书应用的耦合模型只针对研究区的土壤水盐和地下水盐动态展开模拟研究,未考虑作物的生长和产量。在未来的研究中,可以考虑在耦合模型的基础上联合 ArcCrop 等作物生长模型,增加作物在不同水源利用和灌排方案下的生长及产量预测研究,为银北引黄灌区制定合理的灌排模式提供参考。

(3)本书的灌排模式仅从作物需水和土壤水盐及地下水盐的角度考虑,未涉及各种水源的水费或抽水能耗费用的调整。在未来研究中,可以针对不同水源的水费及能耗费用改革进行研究,提高农户对非常规灌溉水源利用的积极性,为灌区制定科学合理的灌溉管理模式提供参考。

参 考 文 献

[1] 刘国强,杨世琦.宁夏引黄灌区农田退水污染现状分析[J].灌溉排水学报,2010,29(1):104-108.

[2] 刘勤.宁夏引黄灌区节水技术体系研究初探[J].水资源与水工程学报,2009,20(4):137-140.

[3] Chen M Z, Gao Z Y, Wang Y H. Overall introduction to irrigation and drainage development and modernization in China[J]. Irrigation and Drainage, 2020,69:8-18.

[4] 杜磊,董育武,谢军.多水源区域内水资源调配策略分析[J].地下水,2019,41(5):143-145.

[5] 杜捷.农业水土资源利用评价与均衡优化调控研究——以宁夏为例[D].北京:北京林业大学,2020.

[6] 陆阳,王乐,张红玲.宁夏平罗县井渠结合灌区地下水盐运移规律研究[J].水利水电技术,2017,48(3):165-170.

[7] 孙骁磊.银北井渠结合灌区地表水地下水耦合模拟及优化配置研究[D].银川:宁夏大学,2016.

[8] 林琳.宁夏惠农渠井结合灌区地下水与地表水优化配置研究[D].银川:宁夏大学,2015.

[9] 尹大凯,胡和平,惠士博.宁夏银北灌区井渠结合灌溉三维数值模拟与分析[J].灌溉排水学报,2003,22(1):53-57.

[10] 王少丽.基于水环境保护的农田排水研究新进展[J].水利学报,2010,41(6):697-702.

[11] Guerra L C, Bhuiyan S I, Tuong T P, et al. Producing more rice with less water from irrigated systems[G]. SWIM Paper5, IWMI-IRRI, Colombo, Sri Lanka: International Water Management Institute,1998:24.

[12] 王少丽,许迪,刘大刚.灌区排水再利用研究进展[J].农业机械学报,2016,47(4):42-47.

[13] 王建伟.面向水安全的石嘴山农田灌溉水资源配置研究[D].邯郸:河北工程大学,2017.

[14] Hama T, Aoki T, Osuga K, et al. Reducing the phosphorus effluent load from a paddy-field district through cyclic irrigation[J]. Ecological Engineering, 2013,54(4):107-115.

[15] 史海滨,郭珈玮,周慧,等.灌水量和地下水调控对干旱地区土壤水盐分布的影响[J].农业机械学报,2020,51(4):268-278.

[16] Singh G, Nelson K A. Long-term drainage, subirrigation, and tile spacing effects on maize production[J]. Field Crops Research,2021,262:108032.

[17] Panigrahi P. Integrated irrigation and drainage management for citrus orchards in vertisols [J]. Irrigation and Drainage, 2014,63(5):621-627.

[18] 贾浩,李宝珠,李文昊. 基于 HYDRUS-1D 模型的灌排联合下的水盐运移模拟[J]. 节水灌溉,2021(1):27-32.

[19] 窦旭,史海滨,李瑞平,等. 暗管排水条件下春灌定额对土壤水盐运移规律的影响 [J].农业机械学报,2020,51(10):318-328.

[20] 黄亚捷,李贞,卓志清,等. 用 SahysMod 模型研究不同灌排管理情景土壤水盐动态 [J].农业工程学报,2020,36(11):129-140.

[21] 俞双恩,李偲,高世凯,等.水稻控制灌排模式的节水高产减排控污效果[J].农业工程学报,2018,34(7):128-136.

[22] 彭世彰,艾丽坤,和玉璞,等. 稻田灌排耦合的水稻需水规律研究[J].水利学报,2014,45(3):320-325.

[23] 和玉璞,张建云,徐俊增,等.灌溉排水耦合调控稻田水分转化关系[J].农业工程学报,2016,32(11):144-149.

[24] Allred B J, Brown L C, Fausey N R, et al. Water table management to enhance crop yields in a wetland reservoir subirrigation system[J]. Applied Engineering in Agriculture, 2003,19(4):407.

[25] 彭世彰,熊玉江,罗玉峰,等.稻田与沟塘湿地协同原位削减排水中氮磷的效果[J].水利学报,2013,44(6):657-663.

[26] 王天宇,王振华,陈林,等.灌排一体化工程对地下水埋深及作物生长影响的研究综述[J].水资源与工程学报,2020,31(4):74-80.

[27] 李云良,姚静,谭志强,等.洪泛湿地系统地表水与地下水转化研究进展综述[J].水文,2019,39(2):14-21.

[28] 凌敏华,陈喜,程勤波,等.地表水与地下水耦合模型研究进展[J].水利水电科技进展,2010,30(4):79-84.

[29] Grygoruk M, Batelaan O, Mirosław-Swiltek D, et al. Evapotranspiration of bush encroachments on a temperate mire meadow—A nonlinear function of landscape composition and groundwater flow[J]. Ecological Engineering, 2014,73:598-609.

[30] Kuznetsov M, Yakirevich A, Pachepsky Y A, et al. Quasi 3D modeling of water flow in vadose zone and groundwater[J]. Journal of Hydrology, 2012,450-451:140-149.

[31] 王蕊,王中根,夏军.地表水和地下水耦合模型研究进展[J].地理科学进展,2008 (4):37-41.

[32] 凌敏华.流域地表水与地下水模型耦合研究[D].南京:河海大学,2011.

[33] Simunek J, van Genuchten M T V, Sejna M. The HYDRUS-1D software package for simulating the movement of water, heat, and multiple solutes in variably saturated media, version 3.0. Riverside, CA: University of California Riverside, 2005.

[34] 张旭洋,林青,黄修东,等.大沽河流域土壤水-地下水流耦合模拟及补给量估算[J].土壤学报,2019,56(1):101-113.

[35] 王宁.基于HYDRUS-MODFLOW的小流域地表水与地下水耦合模型研究[J].吉林水利,2020(11):50-54.

[36] 张雅楠.基于HYDRUS-MODFLOW地表水与地下水耦合模型研究[D].郑州:郑州大学,2019.

[37] 潘敏,伍靖伟,于健,等.井渠结合区饱和-非饱和带水均衡模型研究[J].中国农村水利水电,2015(10):112-118.

[38] 代锋刚,王晓燕,谷明旭,等.基于MODFLOW-HYDRUS耦合模型的改良盐碱土水平井排水效果分析[J].排灌机械工程学报,2021,39(1):61-67,74.

[39] Szymkiewicz A, Gumula-Kawecka A, Simunek J, et al. Simulations of freshwater lens recharge and salt/freshwater interfaces using the HYDRUS and SWI2 packages for MODFLOW[J]. Journal of Hydrology and Hydromechanics, 2018,66(2):246-256.

[40] 方媛,吕新胜,方璐.基于WET的银北地区盐渍图分布特征研究[J].南水北调与水利科技,2013,11(3):57-61,66.

[41] 刘学军,刘平,翟汝伟,等.宁夏南部雨养农业区玉米生育期土壤含水率控制阈值研究[J].灌溉排水学报,2013,32(1):1-4.

[42] 王延宇,王鑫,赵淑梅,等.玉米各生育期土壤水分与产量关系的研究[J].干旱地区农业研究,1998,16(1):100-105.

[43] 白向厉,孙世贤,杨国航,等.不同生育时期水分胁迫对玉米产量及生长发育的影响[J].玉米科学,2009,17(2):60-63.

[44] 王宝英,张学.农作物高产的适宜土壤水分指标研究[J].灌溉排水,1996,15(3):35-39.

[45] 李春正,李文芹,马野,等.南阳市主要旱作物适宜土壤含水率及土壤干旱指标研究[C]//2005年全国灌溉试验工作经验交流会论文集,2005:219-224.

[46] 马金慧.基于农田水土环境限制因子的河套灌区引黄水量阈值模拟研究[D].呼和浩特:内蒙古农业大学,2014.

[47] 杨树青.基于Visual-MODFLOW和SWAP耦合模型干旱区微咸水灌溉的水-土环境效应预测研究[D].呼和浩特:内蒙古农业大学,2005.

[48] 王洁.水稻土壤水分最适点及适宜控制范围试验研究[D].扬州:扬州大学,2011.

[49] 陈玉民.中国主要作物需水量与灌溉[M].北京:水利水电出版社,1995.

[50] 童文杰,陈中督,陈阜,等.河套灌区玉米耐盐性分析及生态适宜区划分[J].农业工程学报,2012,28(10):131-137.

[51] 谭伯勋.关于作物的耐盐性问题[J].土壤通报,1961:48-50.

[52] Maas E V, Hoffman G J. Crop salt tolerance-current assessment[J]. American Society of Civil Engineers,1977(103):115-134.

[53] 方生,陈秀玲.关于海河平原土壤水盐动态调控指标的探讨[J].地下水,1990(1):44-88.

[54] Gerona M E B, Deocampo M P, Egdane J A, et al. Physiological responses of contrasting rice genotypes to salt stress at reproductive stage[J]. Rice Science, 2019, 26(4): 207-219.

[55] Zeng L H, Shannon M C. Salinity effects on seedling growth and yield components of rice [J]. Crop Science, 2000,40(4):996-1003.

[56] 朱明霞,高显颖,邵玺文,等.不同浓度盐碱胁迫对水稻生长发育及产量的影响[J].吉林农业科学,2014,39(6):12-16.

[57] 王相平,杨劲松,姚荣江,等.微咸水灌溉对苏北海涂水稻产量及土壤盐分分布的影响[J].灌溉排水学报,2014,33(2):107-109.

[58] 贺奇,杨锋,王昕,等.NaCl胁迫对水稻宁粳48号种子萌发特性的影响[J].宁夏农林科技,2017,58(3):4-6.

[59] 王楠,王世春.井渠结合是银北灌区建设的基本方向的探讨[J].宁夏农林科技,2007(2):105-107.

[60] 余美,芮孝芳.宁夏银北灌区水资源优化配置模型及应用[J].系统工程理论与实践,2009,29(7):181-192.

[61] 徐秉信,李如意,武东波,等.微咸水的利用现状和研究进展[J].安徽农业科学,2013,41(36):13914-13916,1398.

[62] 刘静,高占义.中国利用微咸水灌溉研究与实践进展[J].水利水电技术,2012,43(1):101-104.

[63] 王全九,单鱼洋.微咸水灌溉与土壤水盐调控研究进展[J].农业机械学报,2015,46(12):117-126.

[64] Kang Y H, Chen M, Wan S Q. Effects of drip irrigation with saline water on waxy maize (Zea mays L. var. ceratina Kulesh) in North China Plain[J]. Agricultural Water Management,2010,97(9):1303-1309.

[65] Wang Q M, Huo Z L, Zhang L D, et al. Impact of saline water irrigation on water use efficiency and soil salt accumulation for spring maize in arid regions of China[J]. Agricultural Water Management, 2016,163(C):125-138.

[66] Cucci G, Lacolla G, Boari F, et al. Effect of water salinity and irrigation regime on maize (Zea mays L.) cultivated on clay loam soil and irrigated by furrow in Southern Italy[J]. Agricultural Water Management,2019,222:118-124.

[67] Li J G, Chen J, Jin J X, et al. Effects of irrigation water salinity on maize (Zea mays L.) emergence, growth, yield, quality, and soil salt[J]. Water, 2019,11(10):2095.

[68] Wang X P, Yang J S, Liu G M, et al. Impact of irrigation volume and water salinity on winter wheat productivity and soil salinity distribution[J]. Agricultural Water Manage-

ment,2015,149:44-54.

[69] 康金虎.宁夏引黄灌区微咸水灌溉技术试验研究[D].银川:宁夏大学,2005.

[70] 王相平,杨劲松,姚荣江,等.苏北滩涂水稻微咸水灌溉模式及土壤盐分动态变化[J].农业工程学报,2014,30(7):54-63.

[71] 张蛟,翟彩娇,崔士友.微咸水灌溉滩涂稻田盐分动态及其水稻产量表现[J].江苏农业学报,2018,34(4):799-803.

[72] 赵鹏,孙书洪,薛铸.盐分胁迫对水稻产量影响试验研究[J].节水灌溉,2020(9):84-87,93.

[73] IRRI. Annual Report for 1967[M]. Los Banos: International Rice Research Institute, 1967:308.

[74] 陈玉春,刘槐亮.青铜峡灌区地下水与土壤盐渍化关系探讨[J].价值工程,2013,32(24):311-313.

[75] 宁夏农业综合开发项目办,宁夏水科所,河海大学.宁夏青铜峡河西灌区灌排模式及水资源调配研究[R].1993.

[76] 郭元裕.农田水利学[M].3版.北京:中国水利水电出版社,1997.

[77] 卢慧蛟.银川平原地下水水盐均衡分析及土壤盐渍化防治[D].西安:长安大学,2010.

[78] Allen R G, Pereiro L S, Raes D, et al. Crop evapotranspiration: guidelines for computing crop water requirements[M]. Rome: Irrigation and Drainage paper No. 56, Food and Agriculture Organization of the United Nations, 1998.

[79] 刘钰, Pereira L S, Teixeira J L,等. 参照腾发量的新定义及计算方法对比[J].水利学报,1997(6):27-32.

[80] Allen R G, Pereira L S, Smith M, et al. FAO-56 dual crop coefficient method for estimating evaporation from soil and application extensions[J]. Journal of Irrigation and Drainage Engineering, 2005,131(1):2-13.

[81] Ritchie J T. Model for prediction evaporation from a row crop with incomplete cover[J]. Water Resource Research, 2001,8(5):1204-1213.

[82] 任东阳.灌区多尺度农业与生态水文过程模拟[D].北京:中国农业大学,2018.

[83] Rhoades J D, Merrill S D. Assessing the suitability of water for irrigation: Theoretical and empirical approaches [R]. FAO Soils Bulletin, 1976(31):69-109.

[84] Hamdy A. Saline Irrigation Management for a Sustainable Use [C]//Katerji N, Hamdy A, van Hoorn IW, et al. Mediterranean Crop Responses to Water and Soil Salinity: Eco-physiological and Analyses. Bari: CIHEAM, 2002:185-230.

[85] 王少丽,刘大刚,许迪,等.基于模糊模式识别的农田排水再利用适宜性评价[J].排灌机械工程学报,2015,33(3):239-245.

[86] 刘大刚,王少丽,许迪,等.农田排水资源灌溉利用适宜性评价指标体系研究[J].灌

溉排水学报,2013,32(2):93-96.

[87] 刘福汉.农用灌溉水质的评价[J].灌溉排水学报,1989,8(4):41-44.

[88] 万洪福,杨劲松,俞仁培.黄淮海平原土壤碱化度计算方法的探讨[J].土壤,1991(6):319-325.

[89] 杨道平,俞仁培.土壤物理性状与碱化土壤分级[J].土壤通报,1998,29(2):54-57.

[90] 李永宁,王忠禹,王兵,等.黄土丘陵区典型植被土壤物理性质差异及其对导水特性影响[J].水土保持学报,2019,33(6):176-189.

[91] 赵云鹏,白一茹,王幼奇,等.宁夏引黄灌区土壤饱和导水率空间分异特征[J].北方园艺,2017(8):166-171.

[92] 于江海,周和平.农业灌溉水温研究[J].现代农业科技,2008(8):123-125,127.

[93] 邓雪,李家铭,曾浩健,等.层次分析法权重计算方法分析及其应用研究[J].数学的实践与认识,2012,42(7):93-100.

[94] 林涛,徐盼盼,钱会,等.黄河宁夏段水质评价及其污染源分析[J].环境化学,2017,36(6):1388-1396.

[95] 王少丽,许迪,方树星,等.宁夏银北灌区农田排水再利用水质风险评价[J].干旱地区农业研究,2010,28(3):43-47.

[96] 中华人民共和国水利部.灌溉试验规范:SL 13—2014[S].北京:中国标准出版社,2015:5-60.

[97] 戴佳信,史海滨,夏永红,等.河套灌区套种作物需水量与灌溉制度试验研究[C]//现代节水高效农业与生态灌区建设(上).昆明:云南大学出版社,2010:584-593.

[98] 张霞.宁蒙引黄灌区节水潜力与耗水量研究[D].西安:西安理工大学,2007.

[99] 王静,张晓煜,马国飞,等.1961—2010年宁夏灌区主要作物需水量时空分布特征[J].中国农学通报,2015,31(26):161-169.

[100] Feddes R A, Kowalik P J, Zaradny H. Simulation of field water use and crop yield[M]. Wiley,1978:189.

[101] Raats, P A C. Steady flows of water and salt in uniform soil profiles with plant roots[J]. Soil Science Society of America Journal, 1974,38(5):717-722.

[102] 余美.防治盐碱化水资源配置模型及灌排条件下水盐动态模拟研究[D].南京:河海大学,2008.

[103] Simunek J, van Genuchten M T, Sejna M. Recent developments and applications of the HYDRUS computer software packages[J]. Vadose Zone Journal,2016,15(7).

[104] Harbaugh A W. MODFLOW-2005, the U.S. geological survey modular ground-water model-the ground-water flow process: U.S. geological survey techniques and methods 6-A16, 2005.

[105] Harbaugh A W, Langevin C D, Hughes J D, et al. MODFLOW-2005 version 1.12.00, the U.S. geological survey modular groundwater model: U.S. geological survey software

release, 03 February 2017.

[106] Zheng C M, Jim W, Matt T. MT3DMS, a modular three-dimensional multispecies transport model user guide to the hydrocarbon spill source (HSS) package. Athens, Georgia: U. S. Environmental Protection Agency, 2010.

[107] Zheng C M. MT3DMS v5. 3 supplemental user's guide, technical report to the U. S. army engineer research and development center, department of geological sciences, University of Alabama, 51 p, 2010.

[108] Zheng C M, Wang P P. MT3DMS, a modular three-dimensional multi-species transport model for simulation of advection, dispersion and chemical reactions of contaminants in groundwater systems; documentation and user's guide, U. S. Army Engineer Research and Development Center Contract Report SERDP-99-1, Vicksburg, MS, 202 p, 1999.

[109] Zheng C M, Mary C H, Paul A H. MODFLOW-2000, the U. S. geological survey modular ground-water model-user's guide to the LMT6 package, the linkage with MT3DMS for multi-species mass transport modeling, U. S. Geological Survey Open-File Report 01-82, 43 p, 2001.

[110] Twarakavi N K C, Simunek J, Seo H S. Evaluating interactions between groundwater and vadose zone using HYDRUS-based flow package for MODFLOW[J]. Vadose Zone Journal, 2008,7(2):757-768.

[111] Twarakavi N K C, Simunek J, Seo S. A HYDRUS based approach for coupled modeling of vadose zone and ground water flow at different scales, In: J. Simunek and R. Kodesova (eds.), Proc. of The Second HYDRUS Workshop, March 28, 2008, Dept. of Soil Science and Geology, Czech University of Life Sciences, Prague, Czech Republic, pp. 47-53,2008b.

[112] Beegum S, Simunek J, Szymkiewicz A, et al. Updating the coupling algorithm between HYDRUS and MODFLOW in the 'HYDRUS package for MODFLOW' [J]. Vadose Zone Journal, 2018,17(1):1-8.

[113] Beegum S, Simunek J, Szymkiewicz A, et al. Implementation of solute transport in the vadose zone into the "HYDRUS Package for MODFLOW"[J]. Groundwater, 2019,57 (3):392-408.

[114] Mualem Y. A new model for predicting the hydraulic conductivity of unsaturated porous media[J]. Water resource research, 1976,388(3):513-522.

[115] Van Genuchten M T, Leij F J, Yates S R. The RETC code for quantifying the hydraulic functions of unsaturated soils[R]. USEPA Report 600/2-91/065. U. S. Environmental Protection Agency, Ada, Oklahoma, 1991.

[116] 徐昭.水氮限量对河套灌区玉米光合性能与产量的影响及其作用机制[D].呼和浩特:内蒙古农业大学,2020.

[117] Aimunek J, Aejna M, Saito H, et al. The HYDRUS-1d software package for simulating the movement of water, heat, and multiple solutes in variably-saturated media, version 4.16, HYDRUS software series 3. Department of Environmental Sciences, University of California Riverside, Riverside, CA, USA, 2018.

[118] Boesten J J T I, Van der Linden A M A. Modeling the influence of sorption and transformation on pesticide leaching and persistence[J]. Journal of Environmental Quality, 1991, 20(2):425-435.

[119] Twarakavi N K C, Simunek J, Seo S. Reply to "comment on 'evaluating interactions between groundwater and vadose zone using the HYDRUS-based flow package for MODFLOW'" by N. K. C. Twarakavi, J. Simunek, and S. Seo Vadose[J]. Zone Journal, 2009, 8(3): 820-821.

[120] 罗纨, 贾忠华, 方树星, 等. 灌区稻田控制排水对排水量及盐分影响的试验研究[J]. 水利学报, 2006, 37(5):608-612.

[121] 罗纨, 李山, 贾忠华, 等. 兼顾农业生产与环境保护的农田控制排水研究进展[J]. 农业工程学报, 2013, 29(16):1-6.

[122] 朱金城. 江苏扬州稻田控制排水及养分流失试验研究[D]. 扬州:扬州大学, 2017.

[123] 李山, 罗纨, 贾忠华, 等. 半湿润灌区控制排水条件下降雨洗盐计算模型研究[J]. 水利学报, 2015, 46(2):127-137.

[124] Rhoades J D. Intercepting, isolating and reusing drainage water for irrigation to conserve water and protect water quality[J]. Agricultural Water Management, 1989, 16(1-2):37-52.

[125] Rhoades J D, Kandiah A, Mashali A M. The use of saline water for crop production [R]. FAO Irrigation and Drainage Paper 48, Rome, 1992.